图解果树嫁接关键技术

主　编　石海强　杜纪壮

副主编　杨素苗　秦立者

编　者（按姓氏笔画排序）

于利国　马筱建　尹素云　石海强　尼群周

杜纪壮　杨素苗　张京政　季文章　种　军

段鹏伟　秦立者　徐国良

本书以图文结合的方式，着重介绍了果树嫁接基础知识、嫁接前的准备、嫁接方法、嫁接技术的特殊应用、嫁接后的管理，以及北方常见果树的嫁接技术等。全书内容系统丰富，语言通俗易懂，图解形象直观，有很强的可操作性。另外，书中设有“提示”“注意”等小栏目，可以帮助读者更好地掌握相关知识点。

本书可供广大果农及果树技术人员使用，也可供农林院校相关专业的师生学习和参考。

图书在版编目（CIP）数据

图解果树嫁接关键技术 / 石海强，杜纪壮主编.
— 北京：机械工业出版社，2021.4
ISBN 978-7-111-67622-5

Ⅰ.①图… Ⅱ.①石… ②杜… Ⅲ.①果树 – 嫁接 – 图解
Ⅳ.①S660.4-64

中国版本图书馆CIP数据核字（2021）第034860号

机械工业出版社（北京市百万庄大街22号 邮政编码100037）
策划编辑：高 伟 周晓伟 责任编辑：高 伟 周晓伟
责任校对：李亚娟 责任印制：孙 炜
保定市中画美凯印刷有限公司印刷

2021年5月第1版・第1次印刷
169mm×230mm・6.5印张・103千字
标准书号：ISBN 978-7-111- 67622-5
定价：39.80元

电话服务
客服电话：010-88361066
010-88379833
010-68326294

网络服务
机 工 官 网：www. cmpbook. com
机 工 官 博：weibo. com/cmp1952
金 书 网：www. golden-book. com
机工教育服务网：www. cmpedu. com

前　言

果树嫁接是劳动人民在长期的生产实践中创造的实用技术。果树通过嫁接，可以保持品种的优良特性，并能早结果、早丰产。随着科学技术的不断发展，果树嫁接技术不仅在果树苗木培育、品种改劣换优上得到广泛应用，在遗传育种、果树生理和病理学等方面的应用也日趋扩大，如用嫁接技术来研究探索愈合作用、砧木影响、接穗影响、远缘嫁接亲和力等有关植物生理方面的问题，以及植物病毒学、组织发生学等，均取得了很大的成绩。

果树嫁接主要分为芽接、枝接两大类，每一类又包括许多具体方法，而各果树树种由于生长发育特性不同，嫁接时又有特殊的要求。为了更好地推广和应用嫁接技术，我们结合多年的科研、生产经验，编写了本书，主要介绍了果树嫁接基础知识、嫁接前的准备、嫁接方法、嫁接技术的特殊应用、嫁接后的管理，以及北方常见果树的嫁接技术等。虽然本书第六章介绍的是北方常见果树的嫁接技术，但一些类同的树种均可以互相参考借鉴。

本书内容以图为主，辅以简要文字说明，以增强不同嫁接方法各个嫁接环节的直观性、可操作性，力求做到简单明了、通俗易懂。

在本书编写过程中，河北科技师范学院齐永顺老师、张京政老师提供了板栗倒置嫁接技术的资料与图片，在此表示感谢。另外，编者也参考借鉴了许多国内外相关的著作和论文，在此对原作者表示衷心感谢。

由于编者掌握的资料和编写水平所限，书中难免存在不妥之处，恳请读者及同行批评指正。

编　者

目 录

第三章　嫁接方法

第四章　嫁接技术的特殊应用

第五章　嫁接后的管理

第六章　北方常见果树的嫁接技术

CHAPTER 01

第一章

果树嫁接基础知识

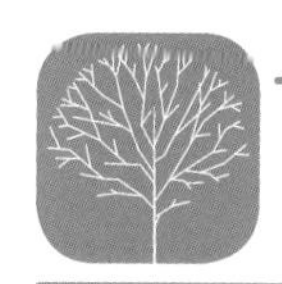

果树嫁接的相关名词

嫁接

将果树的一部分组织（枝、芽等）接到另一植株上，使两者融合生长在一起的方法称为嫁接。例如，把果树的枝或芽接到另一植株的茎或根上，使二者形成一个完整的植株；把一段枝条的两端分别接在树皮的病疤上下，用其替代原有枝干的部分功能等。

接穗

用作嫁接的枝或芽称为接穗或接芽（下图）。

接穗

砧木

砧木（右图）是指嫁接时承受接穗的枝段、根段或树体，有固定、支撑接穗，并与接穗愈合后形成植株生长、结果的作用。按砧木繁殖方式可分为实生砧木和营养系（无性系）砧木，按嫁接后植株高矮情况分为乔化（普通）砧木和矮化砧木。

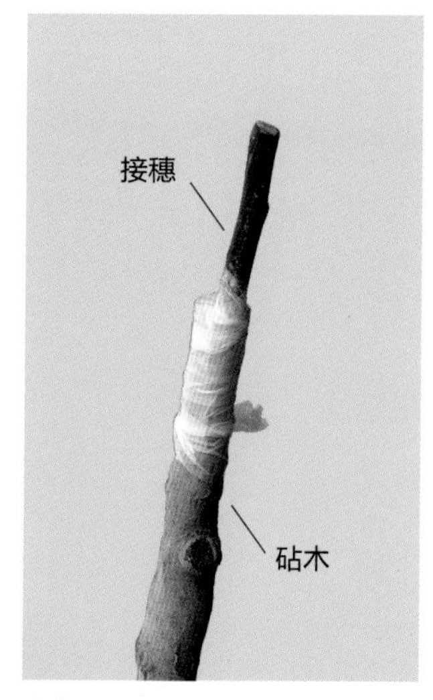

砧木

实生砧木

实生砧木是指利用种子播种繁殖的砧木，分为有性实生砧木和无融合生殖实生砧木。有性实生砧木一般主根明显，根系发达，对土壤适应性强，固地性强，抗风，抗倒伏，多数不带病毒，但性状变异较大，砧苗一致性差。无融合生殖是指未经受精便能产生具有发芽力的胚（种子）的现象。无融合生殖实生砧木是利用无融合生殖产生的种子播种繁殖的砧木。

营养系（无性系）砧木

营养系砧木也叫无性系砧木，是利用植株营养器官的一部分，通过扦插、分株、压条或组织培养等无性繁殖方法（下图）培养成的砧木。营养系砧木容易携带和传播多种病毒，但因是无性繁殖，后代性状变异少，能够保持母株的优良性状，容易培育出整齐度高的砧苗。

葡萄扦插繁殖

草莓分株繁殖

石榴压条繁殖

苹果组织培养繁殖

乔化（普通）砧木

乔化砧木也叫普通砧木，是指嫁接果树品种后，其树体大小表现为该品种正常树高和冠径的砧木（右图），包括实生乔化砧木（如山定子、海棠、杜梨等）和无性系乔化砧木（如M16、M25等）。乔化砧木根系发达，抗逆性强，固地性好，生长健壮，进入结果期较晚。

苹果乔化砧木与矮化砧木的树体大小比较

矮化砧木

矮化砧木是指能使嫁接树体在树高和冠径方面变矮小的砧木。利用矮化砧木的树体矮小紧凑，适于密植，便于管理，结果早，品质好。

矮化砧木有自根砧和中间砧。自根砧（右图）多通过无性繁殖（扦插、分株、压条或组织培养等）的方法培育；中间砧就是把矮化砧木嫁接到实生砧木上，然后再在矮化砧木上距嫁接口一定的距离（苹果矮化砧段一般要求30厘米左右）再嫁接栽培品种。用此方法培育的苗木称为矮化中间砧苗（下页图），矮化中间砧苗上实生砧木以上与栽培品种以下的这段砧木叫矮化中间砧段。

苹果矮化自根砧

本砧（共砧）

先用栽培品种的种子播种培育出砧木，然后嫁接栽培品种，这样的砧木称为本砧或共砧。苹果、梨、桃、杏等用本砧嫁接繁殖的苗木生长表现不一致；对土壤适应能力差，易发生根部病害，耐涝性和抗寒性较差；结果后树势容易衰退，树龄和结果年限短；在沙滩地上，移栽成活率低。所以，本砧一般不宜在生产中应用，但西洋梨常用冬香梨、安久梨、巴梨做共砧嫁接，枣、核桃、板栗等也常用本砧作为砧木。

苹果矮化中间砧苗

基砧

基砧也称根砧，指二重嫁接或多重嫁接承受中间砧的带有根系的基部砧木。基砧有实生砧木和自根砧两种。实生砧木繁殖容易，根系发达，抗逆性强，但砧木变异较大（无融合生殖实生砧木除外）。自根砧苗木生长整齐，栽培性状稳定，但繁殖系数较低，育苗成本较高，故对于生根能力差的树种或品种，不宜用作自根基砧。

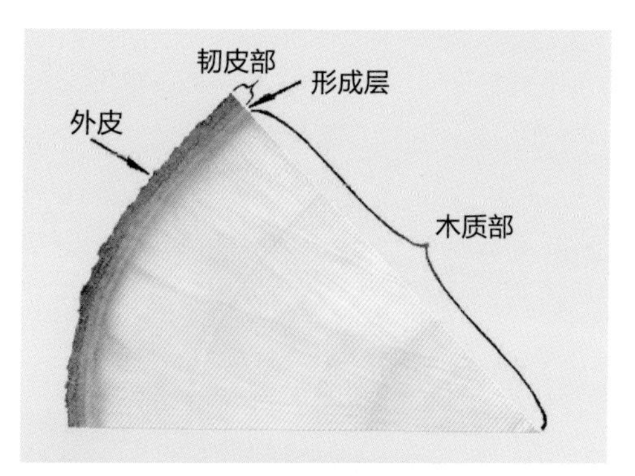

枝切面

形成层

形成层是枝、干、根上界于木质部和韧皮部之间的一层薄壁细胞，具有活跃的细胞分生能力。形成层细胞分裂，向内不断产生木质部，向外产生韧皮部，使茎或根不断加粗（右图）。

愈伤组织

愈伤组织

植物受伤后，由于形成层细胞的分生，产生新生组织，逐渐把伤口包被起来，这种新生组织叫愈伤组织（右图）。

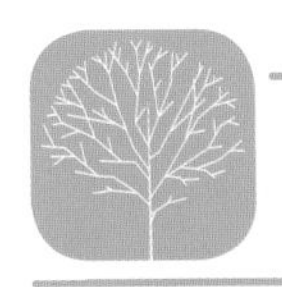

嫁接的作用

保持品种的优良性状

用种子繁殖的果树后代在外部形态特征、生长发育特性（长势、物候期、抗性等）、经济性状（产量、品质、果实成熟期等）方面常常发生变异，不能保持原有的优良性状，并且参差不齐。例如，实生核桃、山杏等树的个体间发芽期、花期等物候期不一致，所结果实的大小、形状变异很大（下图）。这些果树用插条和其他无性繁殖的方法多不易成活，要保持原品种的优良性状，并使性状保持一致，必须用优良品种的枝或芽进行嫁接繁殖。

实生核桃树个体间发芽期不一致

实生山杏树个体间花期不一致

实生核桃树个体间果实性状不一致

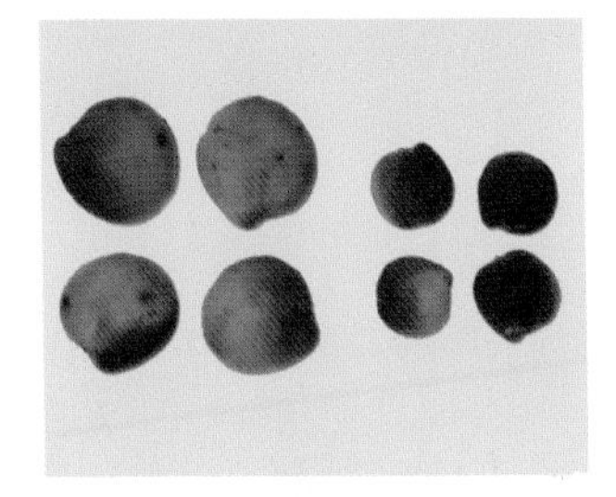

实生山杏树个体间果实性状不一致

提早结果

用种子繁殖的树，即实生树，都有一个童期阶段，在这个阶段采取任何措施都不能实现人工诱导开花。果树童期的长短与树种的特性有关，如苹果实生树需 6~8 年才能结果，核桃、板栗需 10 年才能结果。采取已结果成龄树体上的枝、芽进行嫁接，便能克服实生苗木需要度过童期才能结果的缺点，实现早结果（下图）。

嫁接后的核桃树第三年结果

高接后的苹果树第三年开花

品种改劣换优

生产上对表现不良的品种，可采用高接换头的方法把低劣品种改换为优良品种（右图）。

苹果树高接换头

提高抗性

嫁接能利用砧木的抗寒、抗旱、耐涝等优良性状和特性来增强栽培品种的抗性和适应性。例如，葡萄一般采用扦插的方法进行繁殖，在根瘤蚜发生严重的国家和地区不得不采用抗根瘤蚜的砧木进行嫁接繁殖；酸枣抗旱、耐瘠薄，嫁接大枣后能够增加大枣适应荒山的能力。

矮化树体

把乔化的栽培品种嫁接到矮化砧木上，可起到矮化树体的作用。

保护和恢复树体

由于外部因素如冻害、病虫害、机械损伤等致使树体地上部受伤（如树干受伤、缺枝、地上部树体死亡），可以通过桥接、根接换头（右图）等嫁接技术，弥补受损部位，恢复树体。

桥接

在果树生理、病理等试验中应用

例如，用嫁接的方法检测果树是否带有病毒时，通常用指示植物检测法，即把对某种病毒敏感、表现明显的植物（指示植物）与待检果树嫁接在一起，根据指示植物的生长表现，判断待检果树是否带有病毒。

李子树根接换头

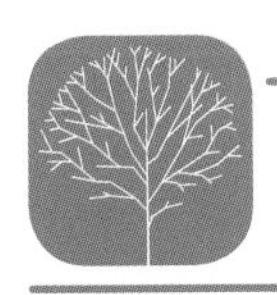

嫁接成活的过程

嫁接时接穗和砧木两个伤面的形成层产生的愈伤组织不断增大，若彼此能够融合形成维管组织，并使接穗和砧木的输导组织连接起来，接穗与砧木的养分、水分上下沟通，即可形成新的植株。其过程是当接穗嫁接到砧木上时，两者伤口表面受伤的细胞形成一层薄膜，覆被伤口，以后受伤的细胞分泌愈伤激素，形成层和薄壁组织细胞旺盛分裂，形成愈伤组织。接穗和砧木的愈伤组织不断增长，相互挤压，表面薄膜逐渐消失，使接穗和砧木的新生细胞紧密相接，两者的营养物质由胞间连丝相互传导，输导组织邻近的细胞逐步分化成同型组织，产生新的输导组织，这样砧木和接穗相互连接，成为一个整体。

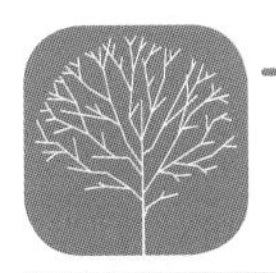

影响嫁接成活的因素

接穗和砧木的亲和力

嫁接后接穗和砧木彼此形成竞争与共生的关系，亲和力是二者之间能否相互接受、相互融和的能力。砧、穗间亲和力的大小取决于二者的组织结构和生理活性的相似程度，一般情况下二者的亲缘关系越近，相似程度越近，亲和力越强。同一种内的不同品种之间亲和力一般较强，同属不同种间嫁接亲和力的表现差异较大，苹果属种间嫁接大多亲和力较强。

提 示 实践中也有例外的现象，如西洋梨与不同属的榅桲、山楂甚至花椒都有一定的亲和力，而日本梨和梨属以外的植物嫁接几乎都不能成活。

亲和力的表现有以下几种。

1. 亲和力强

嫁接后接口愈合良好，几年后接穗和砧木的粗细一致，嫁接处通直，没有明显的瘤和疤，只能通过砧木和接穗表皮结构和颜色才能看出嫁接的部位。接穗的部分生长发育正常，嫁接树的寿命较长。

2. 半亲和

接口愈合处上下直径不一致，出现“大脚”（砧木粗）或“小脚”（砧木细）现象（右图），但接穗部分生长发育基本正常。

苹果 M26 矮化砧的大脚现象

苹果 SH 系矮化砧的小脚现象

3. 后期不亲和

有些砧、穗组合嫁接后接口愈合良好，接穗生长正常，但几年后陆续出现树体衰退，甚至枯死。

4. 不亲和

嫁接后接穗和砧木不能愈合到一起，接穗逐渐干枯，最后死亡。

接穗质量

在生长健壮、丰产优质的母株上，采取无病虫害、组织充实、芽体饱满的 1 年生发育枝作为接穗，并只用枝条中部的充实饱满芽，这样的接穗嫁接成活率高，成活后生长茂盛；而用发育不良的徒长枝，或用枝条先端不充实或基部发育不良的芽子，或用 2~3 年生的枝作为接穗，成活率低。采集后由于贮藏、保湿处理不当，造成失水的接穗，嫁接成活率低。

影响嫁接成活的环境因素

1. 温度

环境温度对愈伤组织生长有显著的影响。温度在 10℃以下时，愈伤组织生长缓慢；10~30℃的范围内，愈伤组织生长速度随温度的增高而加大。愈伤组织生长的最适温度在树种间有差异，杏树为 20℃左右；樱桃树、桃树和李树为 23℃左右；梨树、苹果树、山楂树和石榴树为 27℃左右；柿子树和枣树为 30℃左右。所有树种的愈伤组织，在 30℃以上的温度下生长缓慢，超过 35℃停止生长，40℃引起细胞死亡。

2. 湿度

接穗和砧木愈伤组织的增殖需要一定的湿度条件。愈伤组织内的薄壁细胞不耐干燥，如果在干燥的空气中暴露时间较长，很快就会死亡。另外，接穗也只有在较高的湿度条件下才能维持生活力。

3. 光照

光照影响愈伤组织的形成。在黑暗条件下自切口长出的愈伤组织多而嫩，接口容易愈合；光照条件下自切口长出的愈伤组织少而硬，接口不易愈合。

嫁接操作

嫁接时要做到“平、准、净、快、紧”，即砧木和接穗的削面要平，形成层要对准，接口处要保持干净，操作要快，绑扎要紧密。

CHAPTER 02

第二章 嫁接前的准备

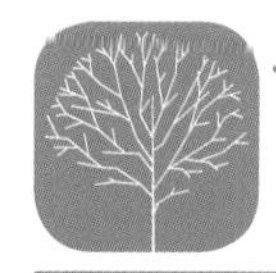

准备嫁接用具

嫁接时，根据嫁接的方法，选用下列用具。

刀类

嫁接用的刀类主要有芽接刀、劈接刀、嫁接刀（芽接劈接两用）、镰刀、双片刀、剃须刀片等（下图）。

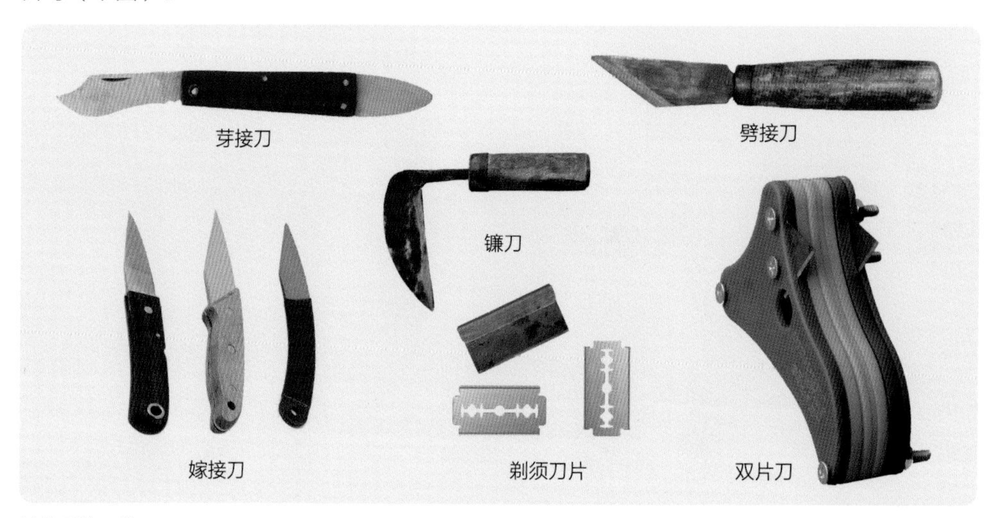

嫁接用的刀类

剪锯类

嫁接用的剪锯类主要有剪枝剪、手锯等（下图）。

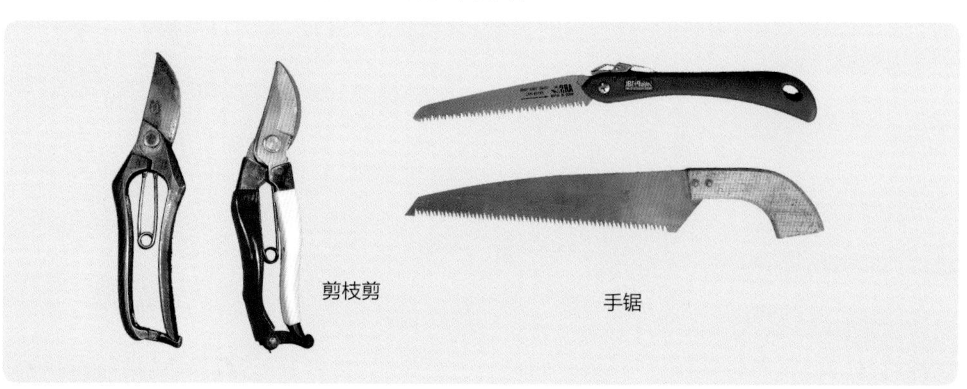

嫁接用的剪锯类

绑扎、保湿用的材料

绑扎、保湿用的材料主要有塑料布绑条、嫁接专用包扎带、黑地膜绑条、白地膜绑条、马莲、塑料袋、麻绳、石蜡、热蜡容器、玻璃瓶、花盆、营养钵等（下图）。

绑扎、保湿用的材料

其他用具

其他用具主要有钉子、细磨石、削穗砧、竹签、高凳、锤子等（下图）。

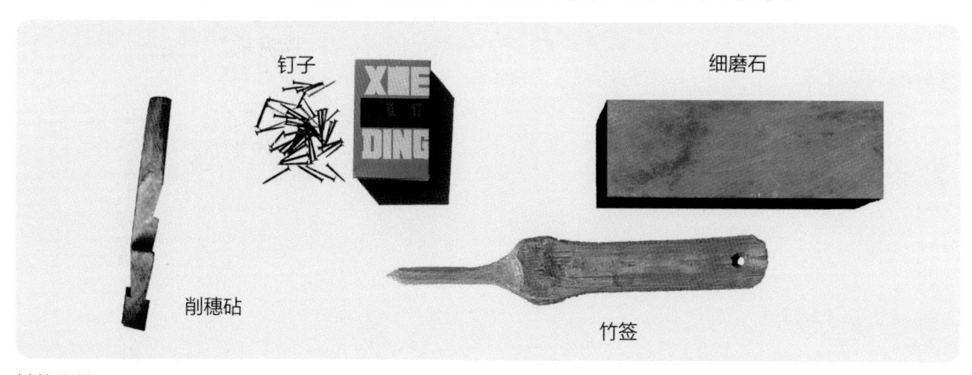

其他用具

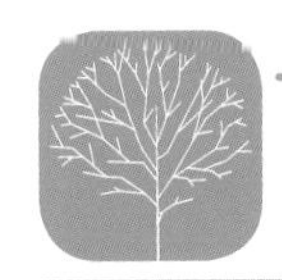

接穗的采集、贮存与备用

接穗的采集

接穗质量的好坏与嫁接成活率和嫁接后枝条的长势密切相关。采集接穗的树要求品种纯正、丰产、稳产、品质优良，树体生长健壮且无检疫病虫害。春季嫁接用的接穗，可结合冬季修剪进行采集，选作接穗的枝条要求生长健壮、充实，芽体饱满。夏、秋季芽接用的接穗应选生长健壮，芽体已发育良好的新梢。采下后要立即剪除叶片，保留叶柄，剪去梢端幼嫩部分，以减少水分蒸发。采集的接穗，修整后捆成小捆（一般 50 支为 1 捆），挂上标签（注明品种、数量）备用。

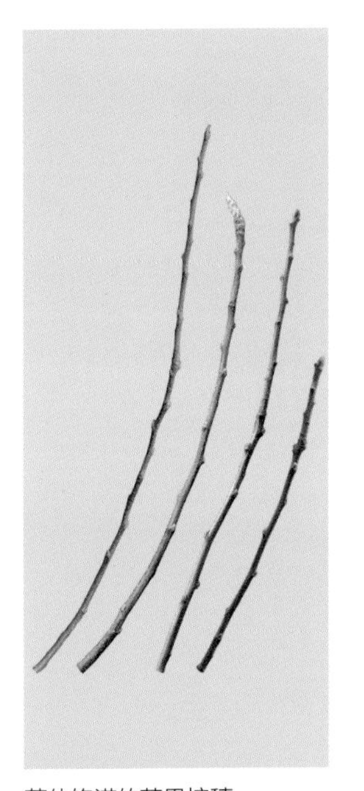

芽体饱满的苹果接穗

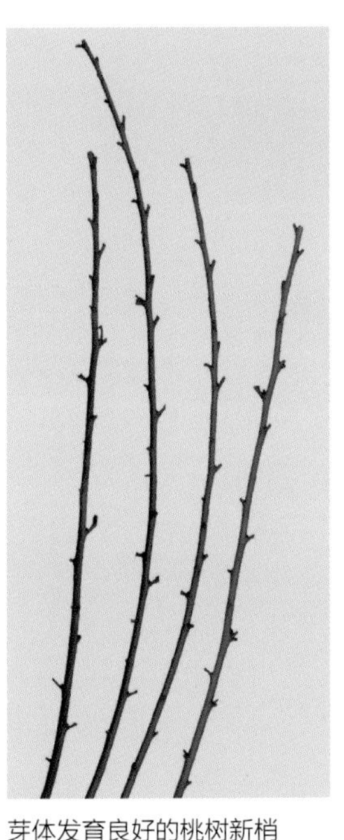

芽体发育良好的桃树新梢

桃树芽接接穗的选留

提示 夏季芽接或绿枝嫁接的接穗要求在嫁接前 1~2 天或在嫁接前现取现用，采集宜在凌晨气温较低、空气相对湿度较大时进行。

接穗的贮存

冬季采集的接穗贮存一般有以下 2 种方法。

1. 沟藏

在土壤冻结之前，选北墙下阴凉的地方挖沟，沟宽、深各约1米，长度可依接穗的数量而定。将接穗顺埋于沟内，一层接穗、一层疏松湿润的土或湿沙，直到冻土层，每隔1米竖放一小捆高粱秆或玉米秆，其下端通到接穗处，以利于通气。

2. 窖藏或库藏

即将接穗存放在低温的地窖或冷库中。常用贮藏甘薯、白菜、萝卜的地窖，将接穗竖直埋于疏松湿润的土或沙子中。如果地窖和埋的土或沙子湿度大，则只埋接穗的大部分，使其上部露出地面；如果地窖和埋的土或沙子湿度小，则将接穗全部埋起来。

贮藏温度最好在0℃左右，不高于4℃，湿度在90%以上。在贮藏期间要常常查看温度和湿度，避免接穗发热霉烂或失水风干。接穗量较少时，也可将整理好的穗条放入塑料袋中，填入少量湿润的锯末、河沙等保湿物，扎紧袋口，置于冷库或冰箱中贮藏，温度为3~5℃。

提示 埋接穗所用的土或沙子的湿度以手握成团，松开即散为宜。

夏、秋季芽接和嫩枝嫁接用的接穗，一般要随采随用。提前采的接穗当天用不完时，可悬吊在较深的井内水面上（注意不要沾水），或插在窖内的湿沙中。短时间存放的接穗，可以插泡在水盆内。

调运接穗时要用湿纸、湿麻袋或湿布包好，外裹塑料薄膜，并留通气孔，注意保湿、降温、通气，防止风吹、日晒和高温。

接穗的备用

春季枝接接穗一般在嫁接前蜡封，也可采集后蜡封贮藏。蜡封前先将接穗放入清水中浸泡一夜，然后将泥沙清洗干净，晾干表面水分后根据嫁接要求截成小段。剪截长度通常为10~15厘米，保留3个芽以上，顶端芽要充实饱满；枝条过粗的应稍长些，细的不宜过长。蜡封所用石蜡为工业用石蜡，熔点在60~70℃之间。熔化石蜡采用水浴加热法，用大小两个容器，大容器盛水加热，小容器装石蜡置于大容器水中。石蜡熔化并升温至90~100℃时即可进行蜡封。

注意

不宜用火对盛石蜡的容器直接加热，以免引燃发生危险，且蜡液温度不易控制。

蜡封时手拿接穗一端，将接穗下段快速浸入石蜡中并快速取出，然后再倒转过来蘸另一段，使整个接穗表面蒙上一层薄薄的石蜡。石蜡温度不能过高，在 90~100℃为好，蘸接穗越快越好，以不超过 1 秒为宜。石蜡温度过高或浸蘸时间长，容易烫伤接穗的芽和皮层，使芽内或皮层内变褐或发黑，失去使用价值。石蜡温度低，则蜡层厚，容易出现裂痕，在切削接穗时又容易脱落，失去保水作用。

接穗蘸蜡

蘸蜡后的接穗

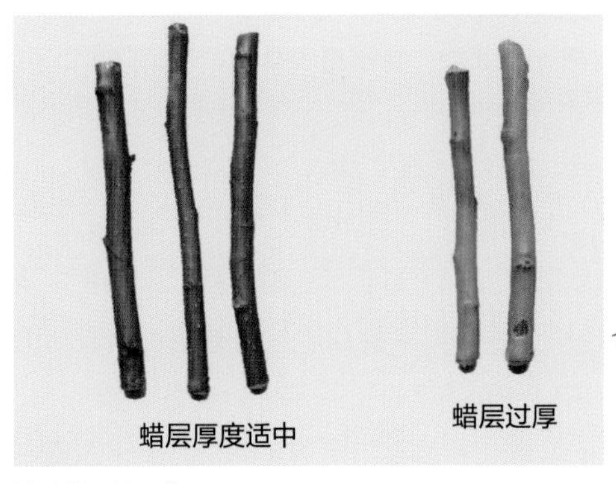

接穗蜡层的厚薄

提 示 当用地膜等将接穗和接口全部包裹，或嫁接后树体所处环境湿度较大时，接穗可以不蜡封。

CHAPTER 03

第三章
嫁接方法

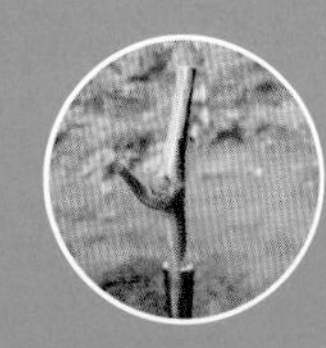
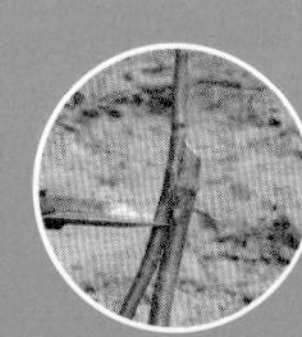

芽 接

芽接就是用带有 1 个芽的芽片作为接穗，嫁接到砧木上的方法，芽片不带有木质部或带有少许木质部。芽接方法简便，技术容易掌握，嫁接速度快，节省接穗材料，适合大量繁殖苗木。此外，芽接的成活率高，适宜嫁接的时间长。

在华北地区芽接有两个主要时期。一是春季芽接，在 3 月上旬 ~4 月上旬进行，利用上一年 1 年生枝作为接穗。二是夏、秋季芽接，在新梢上的芽形成后进行，要求接芽当年萌发的在 5 月下旬 ~6 月中旬进行，此时温湿度条件适宜，砧、穗生长旺盛，接后容易形成愈伤组织，接芽萌发快，生长量大，木质化程度高，有利于安全过冬；不要求接芽当年萌发的在 8 月上旬 ~9 月中旬进行。

“丁”字形芽接（“T”形芽接）

要求砧、穗均离皮，一般在果树旺盛生长季节的 6~9 月进行。倒“丁”字形芽接和一横一点芽接是“丁”字形芽接法的演变方法。

嫁接用具：芽接刀、塑料布绑条或马莲等。

1 “丁”字形芽接

削取接芽的方法见下图。

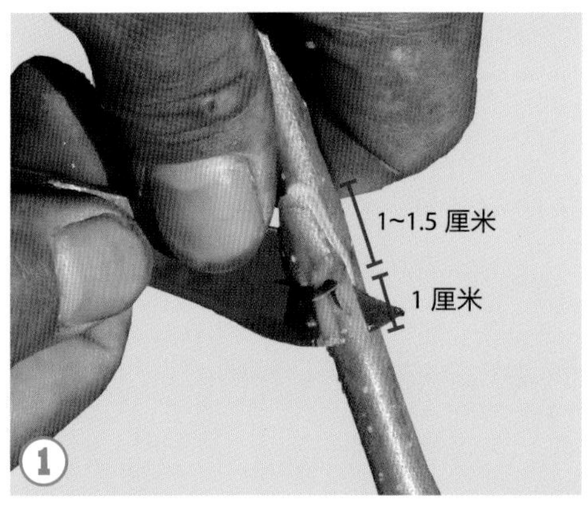

左手正握接穗，在芽下方 1~1.5 厘米处向上斜削，深达木质部，削至芽上方约 1 厘米处

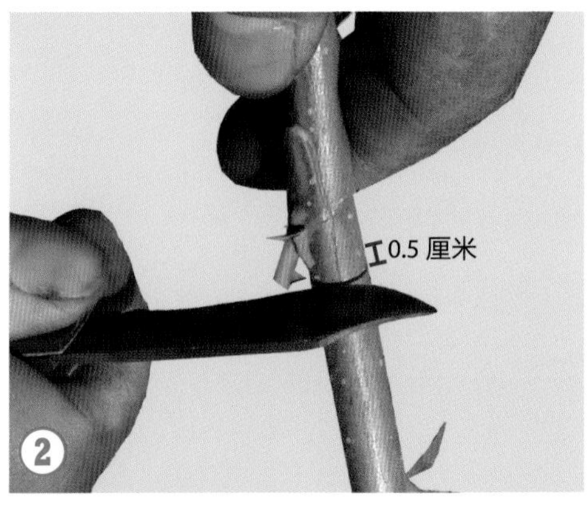

在接穗芽上方约 0.5 厘米处横切一刀，宽约为接穗直径的一半，深达木质部

用拇指侧向轻轻推芽，取下一个盾形芽片，长 2~3 厘米

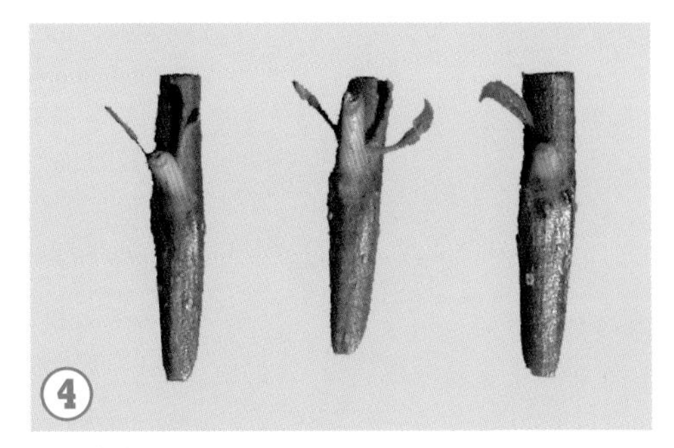

盾形芽片

接穗粗而砧木细时，可采用以下方法削取接芽。

1 三刀法。

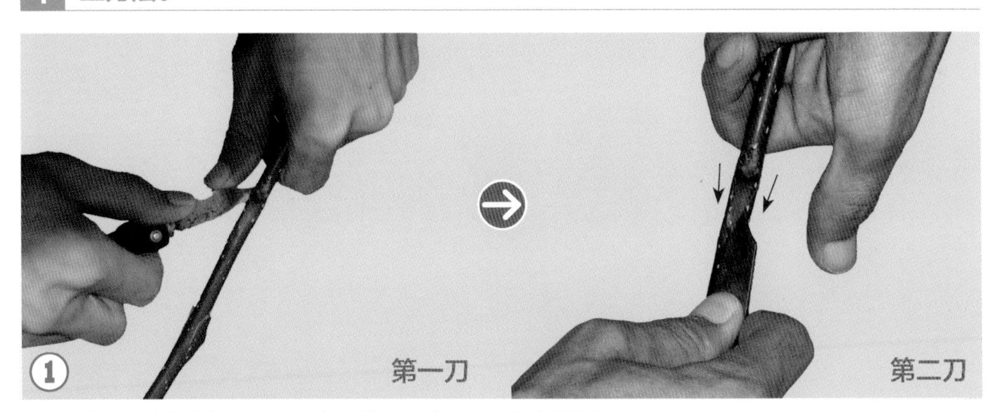

在接穗芽的两侧分别斜切一刀，深达木质部，至芽下 2~3 厘米处相交

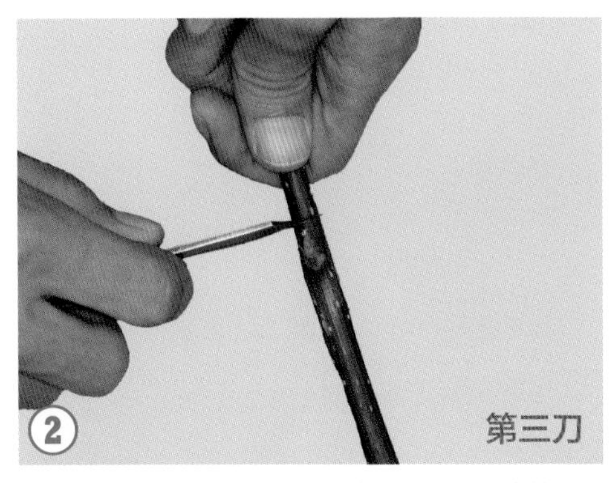

再在接穗芽上方 0.5~1 厘米处横切一刀，宽约为接穗直径的一半，深达木质部

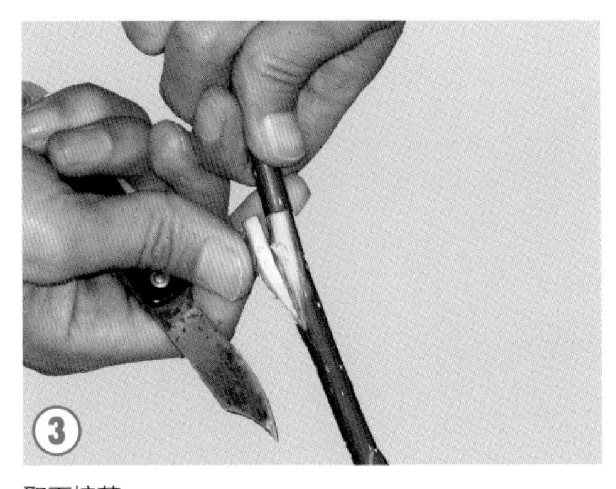

取下接芽

2 四刀法。

方法一

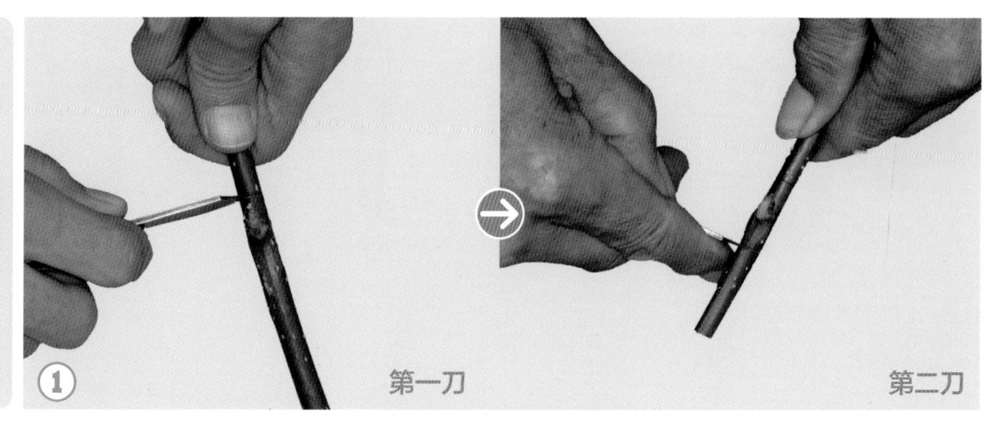

在接穗芽上方 0.5~1 厘米处和下方 2~3 厘米处各横切一刀，深达木质部

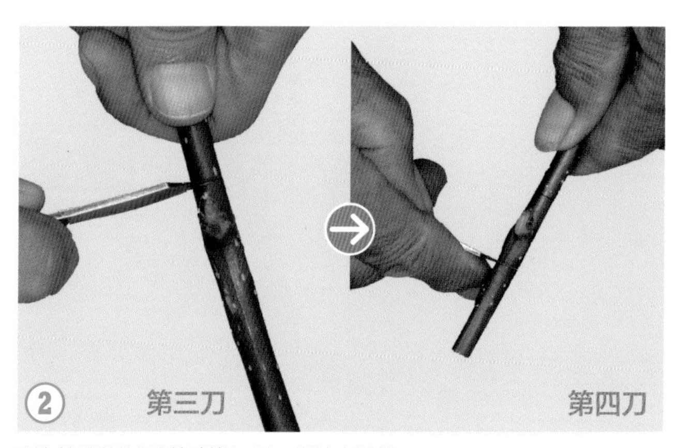

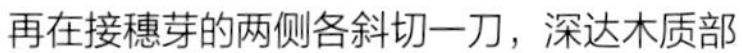
再在接穗芽的两侧各斜切一刀，深达木质部

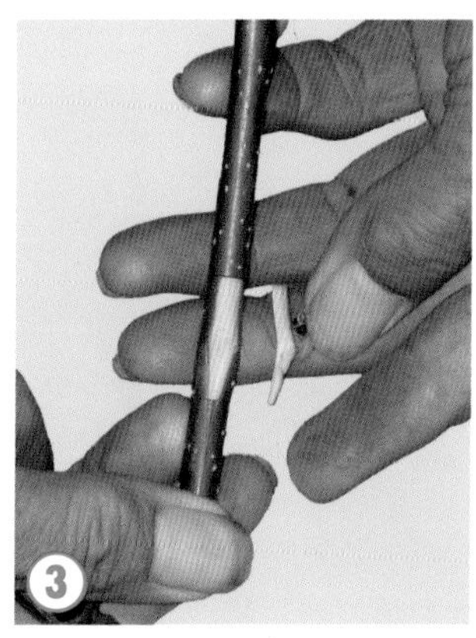

取下接芽

方法二

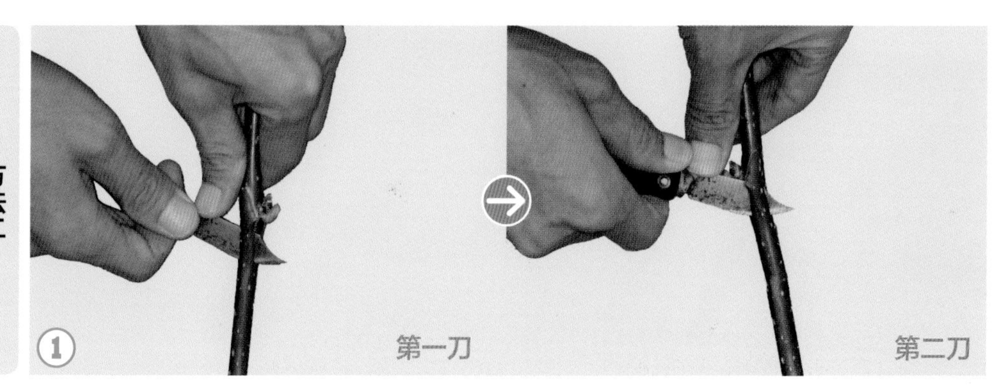

在接穗芽的两侧向下斜削，削掉部分木质部

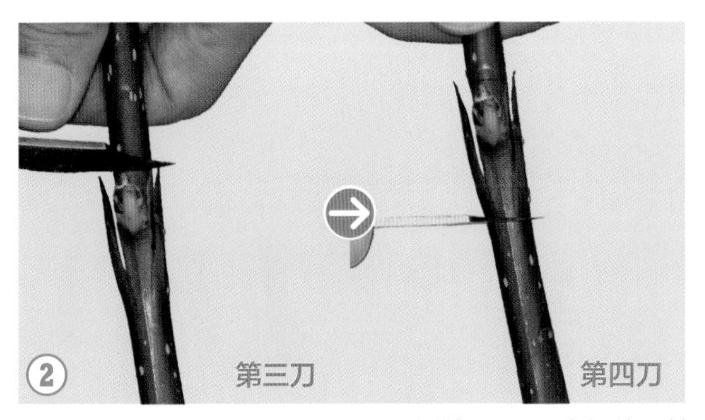

再在芽上方 0.5~1 厘米处和下方 2~3 厘米处各横切一刀，深达木质部，削成上宽下窄的芽片

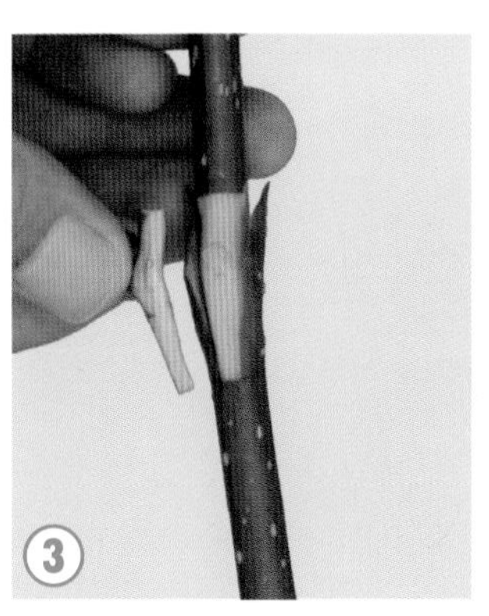

取下接芽

将取下的接芽嫁接到砧木上的方法见下图。

在砧木的欲嫁接部位光滑无分枝处横切一刀，深度以切断皮层为宜，长度应略宽于接芽片的上部宽度

再在横切口中间向下切一刀，长约 1 厘米，呈“丁”字形

用刀尖把纵切口上面两边拨开，用手捏住接芽的叶柄，盾尖向下，迅速插入“丁”字形切口，使芽片上边与砧木横切口对齐

用塑料布绑条捆绑

用塑料布绑条捆绑时，应从下往上缠，最后在芽的上边打结，这样可减小塑料布绑条对接芽的束缚。另外，剪砧时同时将塑料布绑条剪断，绑条可自行脱落，省去解绑的工序。

2 倒“丁”字形芽接

取接芽与切砧木的方法与“丁”字形芽接的方向相反，即盾形芽片的盾尖向上，砧木切口也为倒“丁”字形。

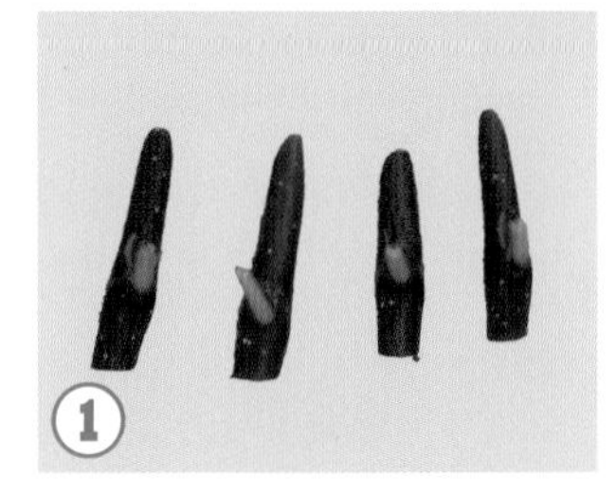
削取倒“丁”字形芽接的芽片

横切砧木

纵切砧木

插入接芽

3 一横一点芽接

此法可以提高嫁接速度，且砧木皮层抱合接芽紧，但要求砧木易离皮。取芽片的方法同“丁”字形芽接，将其嫁接到砧木上时，先在砧木的欲嫁接部位横切一刀，然后在其中间向下用刀尖点一个小口，用刀尖向左右两边拨开皮层，将芽片插入并往下推，使砧木皮层自然开裂而紧抱芽片，直至芽片上端与砧木横切口对齐并密接为止，然后用塑料布绑条捆绑。

提示 在捆绑塑料布绑条时，要求接芽当年萌发的，需将接芽露出。而在 8 月上旬 ~9 月中旬进行的芽接（不要求接芽当年萌发），可不露出接芽，第二年萌芽前去除绑条。

带木质芽接

带木质芽接有嵌芽接和带木质“丁”字形芽接 2 种形式。

嫁接用具：芽接刀、塑料布绑条、剪枝剪等。

1 嵌芽接

一般在砧、穗均不离皮时应用，或在枝条皮层较薄，接芽不易剥离的树种上应用，如李、杏等。削取接芽的方法见下图。

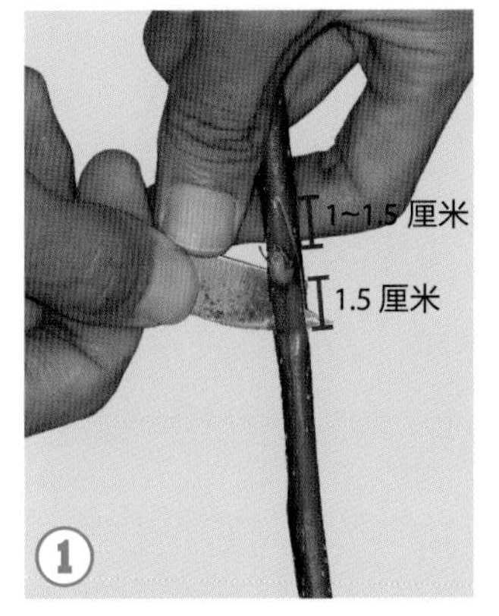

左手倒握接穗，在接穗芽上方 1~1.5 厘米处向下向前斜削一刀，长度超过芽体 1.5 厘米，深 1~2 毫米

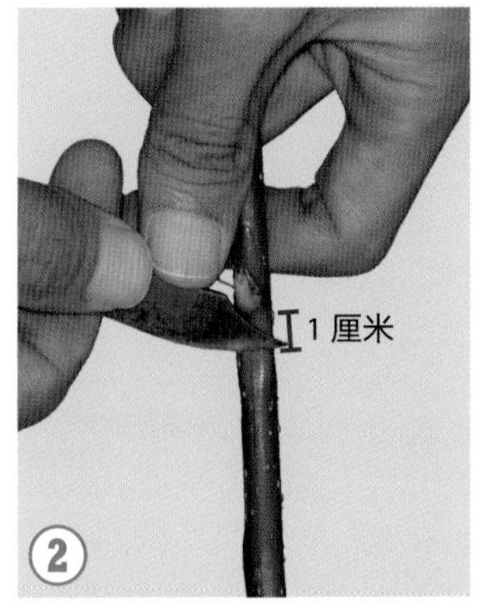

再在接穗芽的下方 1 厘米处与枝条成 45 度角横切一刀，使两刀口相遇

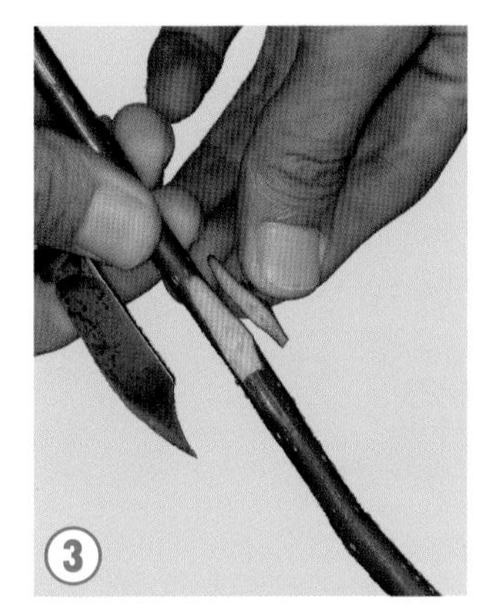

取下带有薄层木质部的芽片

取下接芽后，在砧木上切割，将接芽嫁接到砧木上，具体见下图。

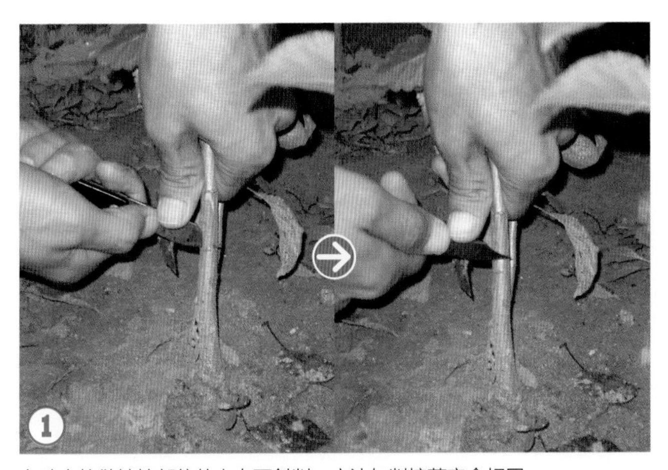

在砧木的欲嫁接部位从上向下斜削，方法与削接芽完全相同

削口的大小和形状与接芽尽量一致，横切时去掉的切片可小些

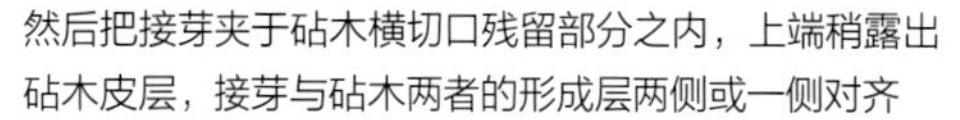

然后把接芽夹于砧木横切口残留部分之内，上端稍露出砧木皮层，接芽与砧木两者的形成层两侧或一侧对齐

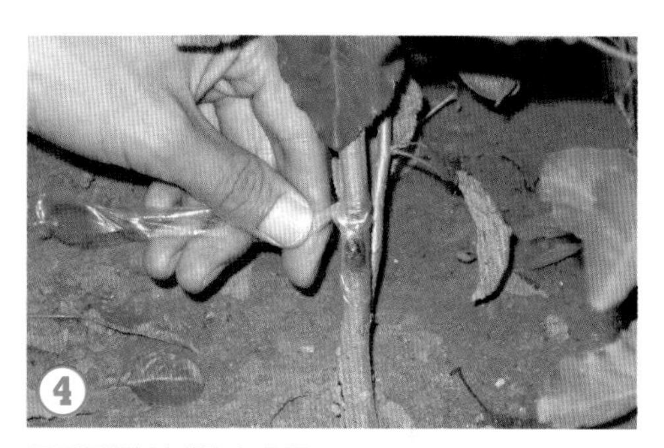

最后用塑料布绑条包扎紧

春、夏季进行芽接，接芽当年萌发，包扎时要露出接芽，以利于芽的萌发和生长。秋季进行芽接，不要求当年萌发，捆绑时可将接芽全部包住。

2 带木质“丁”字形芽接

在砧木易离皮时应用。接芽有以下 2 种切削方法。

方法一

1~1.5 厘米

左手正握接穗，用芽接刀在接穗芽的下方 1~1.5 厘米处由下向上推，削至芽的上方 1.5 厘米，略带部分木质部

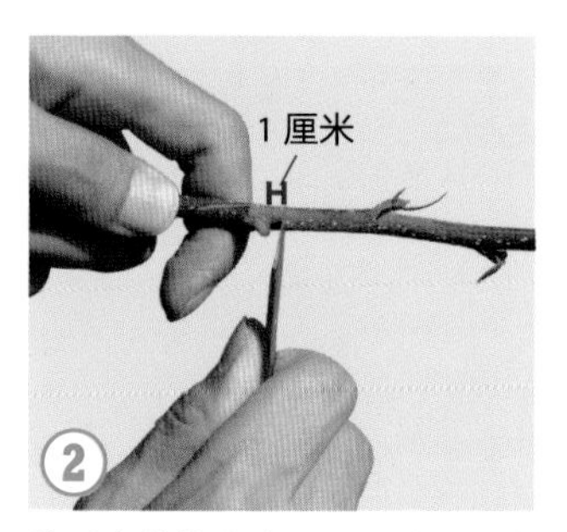

然后在芽的上方 1 厘米处，垂直于枝条横切一刀，切入木质部约 1/3，使两刀相遇

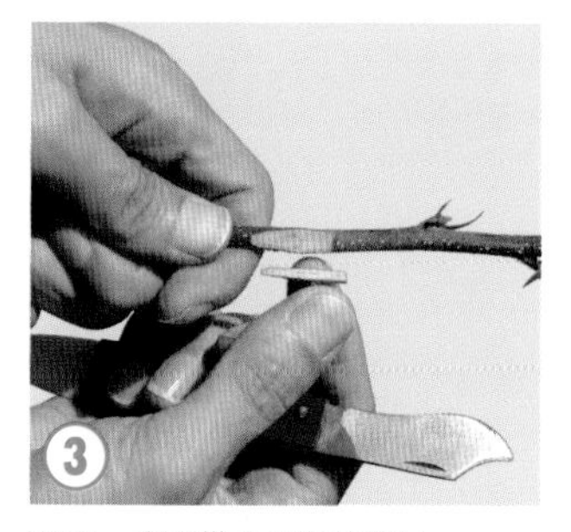

取下一个略带木质部的芽片

方法二

左手倒握接穗，先在接穗芽下方 2 厘米处剪断

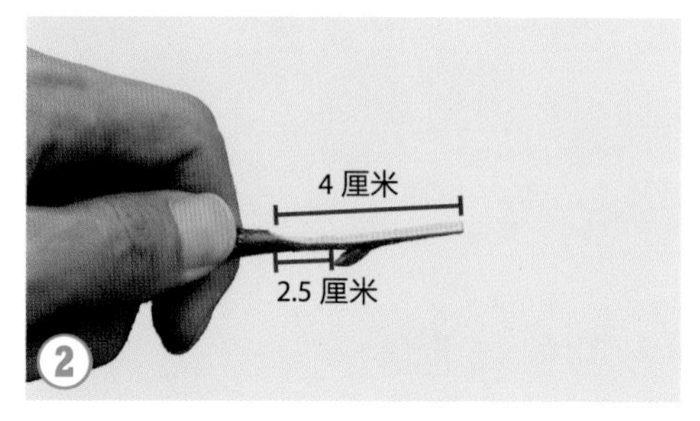

然后在接穗芽上方 2.5 厘米处的对面削一个 4 厘米长的舌状削面。切削时，先使刀与接穗成 60 度角，向前向下横切入木质部约 1/2，再向前斜削到前端

在舌状削面的背面削两个小斜面，使接穗呈尖状

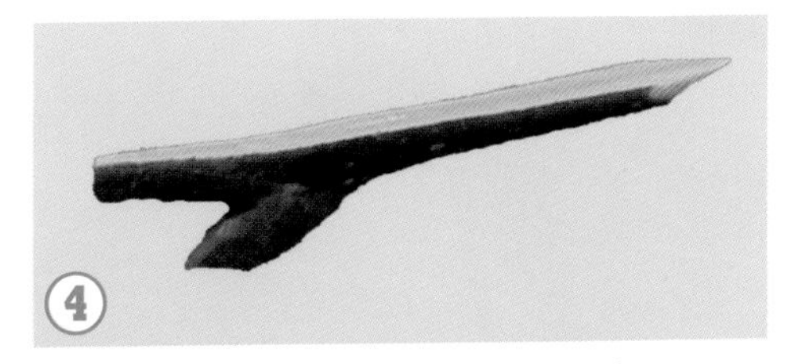

最后在芽上 1.5 厘米处剪下接芽（单芽枝块）

提示 第二种方法削取的芽片较大，适合用第一种方法和嵌芽接法嫁接不易成活的树种，如板栗、核桃等。

在砧木上切一个“丁”字口，方法同“丁”字形芽接。用刀尖把纵切口两边撬开，插入芽片，使芽片上边与砧木横切口对齐，然后绑扎。

提示 带木质芽接法在生产上用得较多，它的优点是一年四季均可进行，不受枝条是否离皮的限制，并因带木质部使芽片内的维管束不受损伤而嫁接成活率高。对于芽体隆起的树种，如核桃、杏和梨等，芽接时以稍带木质部为宜，可使芽片和砧木之间没有较大的空隙。

方块形芽接

适用于其他芽接方法不易成活的树种，如板栗、核桃等。此法切取的芽片较大，砧穗接合面大，嫁接成活率高，但操作复杂，要求较严。

嫁接用具： 剪枝剪、双片刀或芽接刀、塑料布绑条等。

1 去皮方块形芽接

去皮方块形芽接的方法见下图。

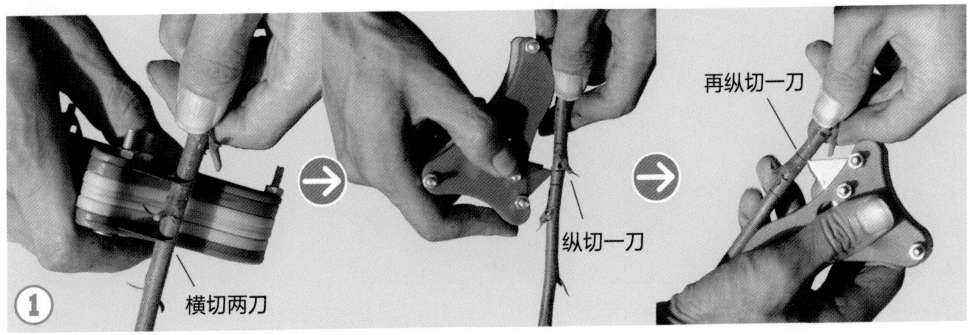

用双片刀在接穗芽的上、下、左、右各切一刀，深达木质部，接芽居中。用双片刀取芽和切砧木接口，可使芽片与砧木切口大小一致

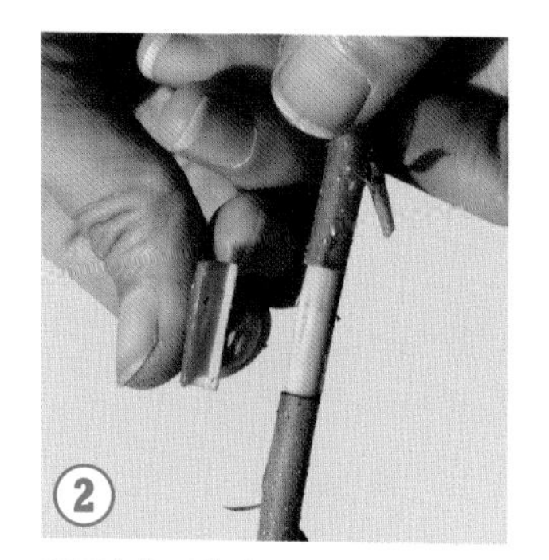

取下方块形芽片

在砧木的欲嫁接部位上、下、左、右各切一刀，深达木质部，要求砧木切口和芽片大小相同

取下砧木树皮

将芽片嵌入砧木切口中，四周密接

用绑扎材料绑紧包严，露出叶柄和芽

2 单开门方块形芽接

削取接芽的方法同去皮方块形芽接，将接芽嫁接到砧木上的方法见下图。

在砧木的欲嫁接部位上、下、左（或右）三面各切一刀

用刀尖从左边将树皮撬开，形成单开门，要求砧木切口上下的长度和芽片长度相同

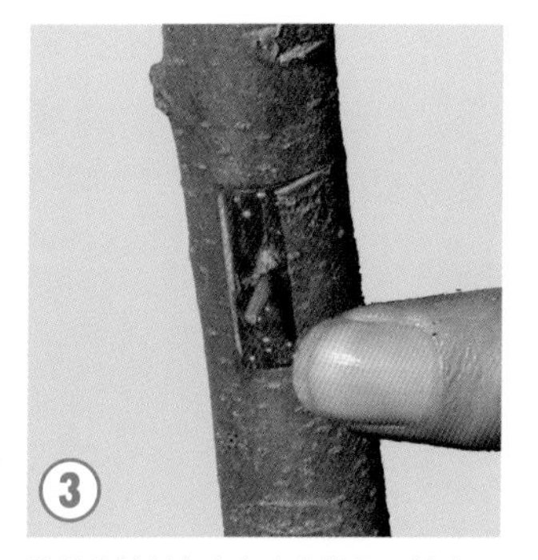

将芽片从侧方自左向右推入，使上、下和左侧接口相互对齐密接，将砧木撬起的皮层从接芽右侧对齐处切去，或切去一半，另一半包在芽片上

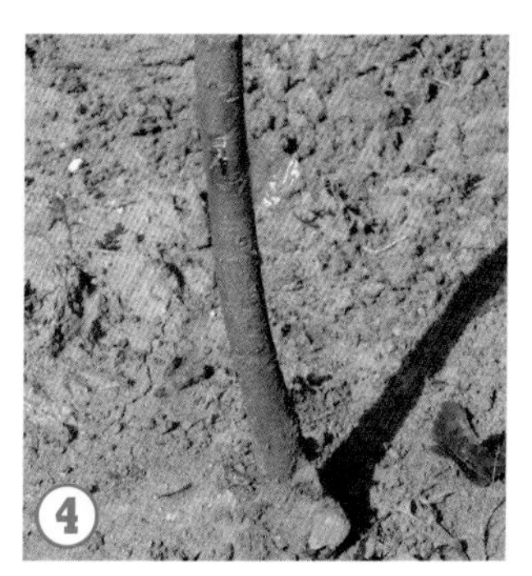

最后用绑扎材料绑紧包严，露出叶柄和芽

3 双开门方块形芽接

接芽削取方法同去皮方块形芽接，将接芽嫁接到砧木的具体过程见下图。

在砧木的欲嫁接部位上、下各切一刀

在中间纵切一刀，呈“工”字形

用刀尖将两边树皮分开，形成双开门，要求砧木两横切口上下间距和芽片长度相同

将接芽片嵌入“工”字形切口，使上下接口相互对齐并密接，用砧木皮层把芽片盖上

用绑扎材料绑紧包严，露出叶柄和芽

提示 单开门和双开门方块形芽接较去皮方块形芽接操作简单，易于掌握。

4 替芽接

在进行方块形芽接时，如果接穗的芽体较大、叶痕突出，如核桃、梨等，或枝条具有凹沟，如板栗等，致使接芽与砧木接合不紧密，则可以采用替芽接法，用接穗芽代替砧木芽体，接芽能与砧木紧密接合，提高成活率。具体方法见下图。

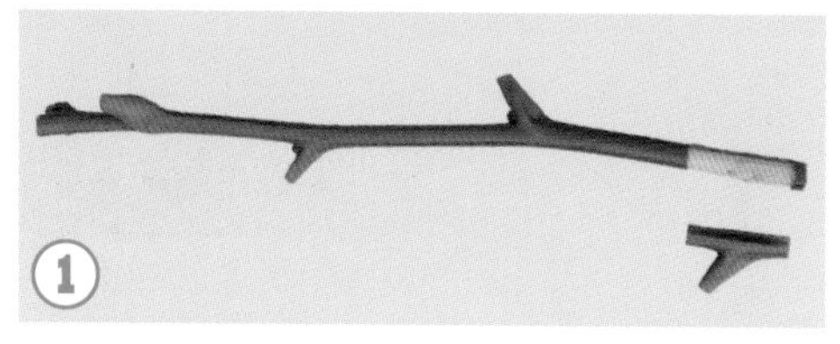

选择与砧木粗细相当的接穗，接芽的削取方法同去皮方块形芽接

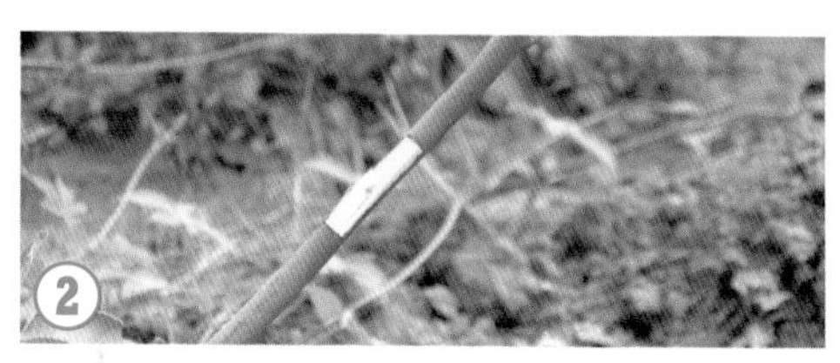

砧木处理的方法与接芽的切削方法相同，即在砧木上芽体的上、下、左、右各切一刀，深达木质部，取出一个与接芽同等大小的方块形砧木芽片

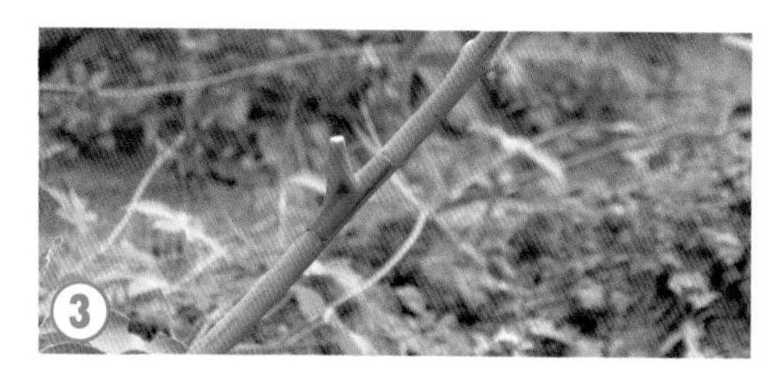

将接芽嵌入砧木的方块形切口内

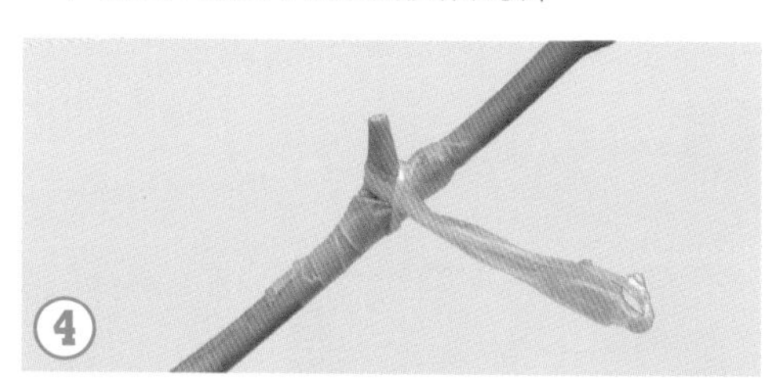

绑紧包严

套芽接（环状芽接）

要求砧、穗均易离皮。由于芽片大、接合面大，嫁接成活率高，常用于“丁”字形或带木质芽接不易成活的树种，如核桃、柿等。但此法的操作较复杂。

嫁接用具：剪枝剪、双片刀或芽接刀、塑料布绑条等。

1 留皮套芽接（管状芽接）

留皮套芽接的方法见下图。

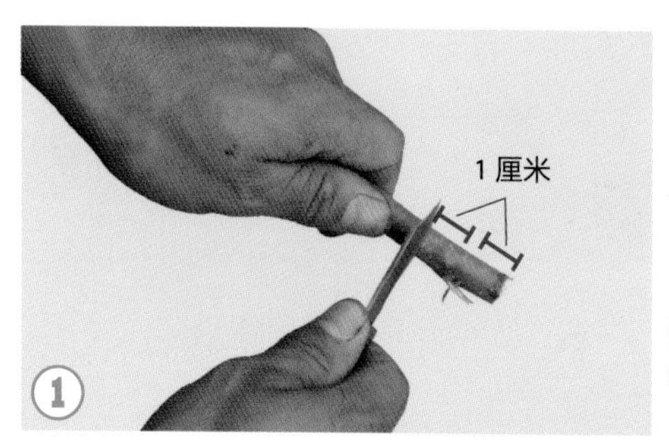

选择与砧木欲嫁接处直径相同且通直的接穗，在芽上方约 1 厘米处剪断，并在芽下约 1 厘米处切割一圈，深达木质部

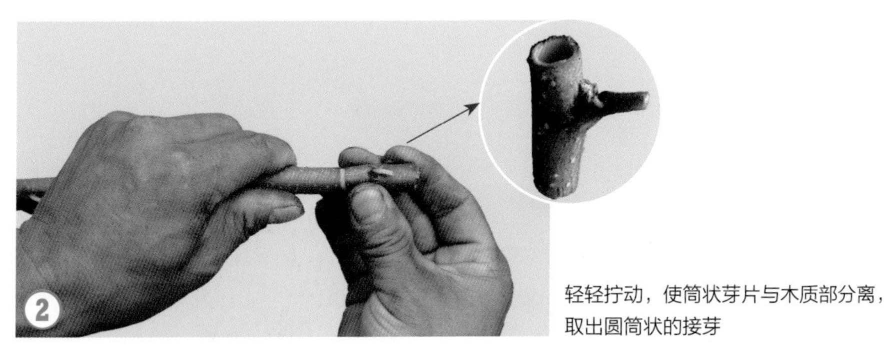

轻轻拧动，使筒状芽片与木质部分离，取出圆筒状的接芽

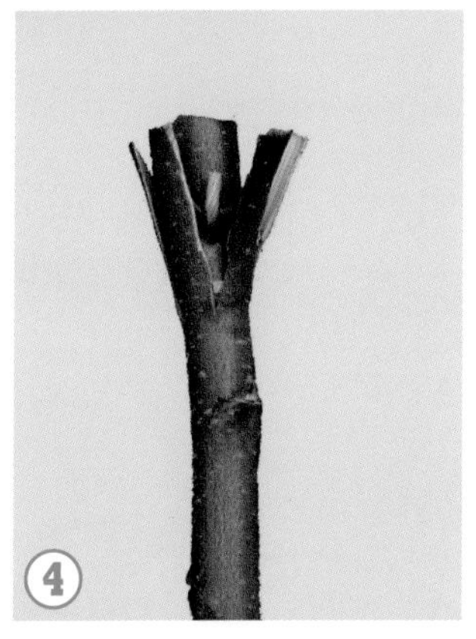

在砧木欲嫁接部位剪断，接口处要光滑无分枝，从顶端撕开树皮

将筒状接芽套入砧木木质部上，推至紧密适度为止。将砧木树皮上翻，罩在接芽周围，可减少接芽水分蒸发

最后用绑扎材料绑紧包严

2 去皮套芽接

接芽切削方法与留皮套芽接相同，将接芽嫁接到砧木上的过程见下图。

将与接穗直径相同的砧木在欲嫁接处剪断，去掉略长于套芽长度的砧木树皮

将筒状接芽套入砧木上，要松紧适度

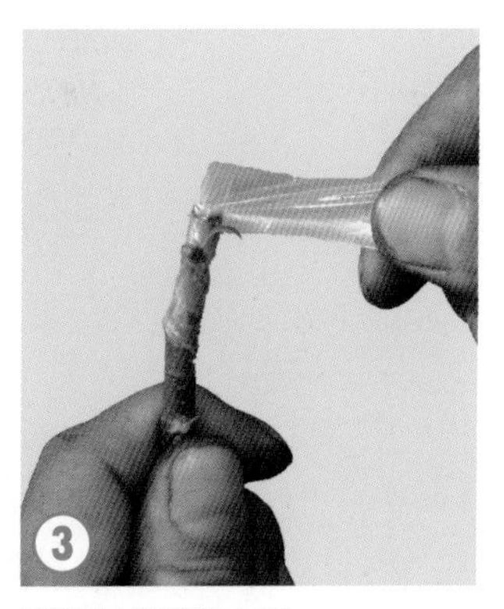

用绑扎材料绑紧包严

3 环状芽接

进行环状芽接时砧木可以不截头，具体方法见下图。

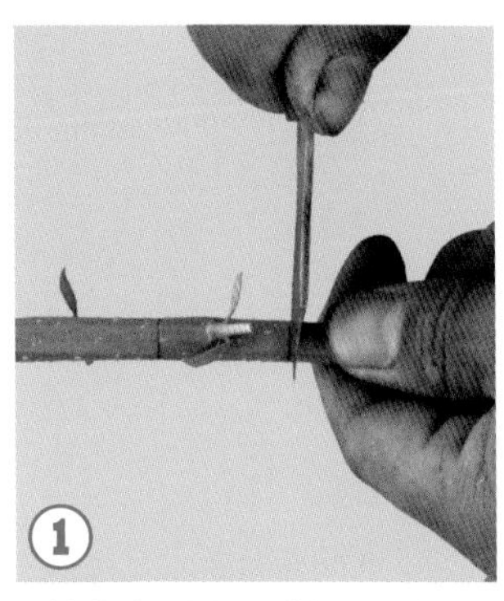

削接芽时，在接穗芽的上下部各割一圈

在芽的背面纵切一刀

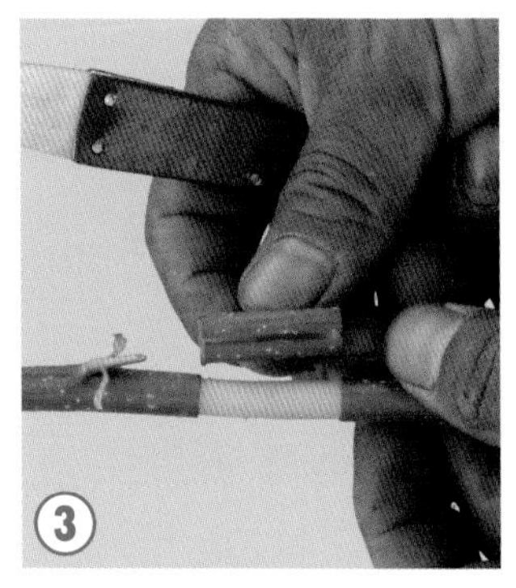

用刀尖拨开纵刀口两侧的边缘，拧动芽套，取出背面纵裂的环状芽片

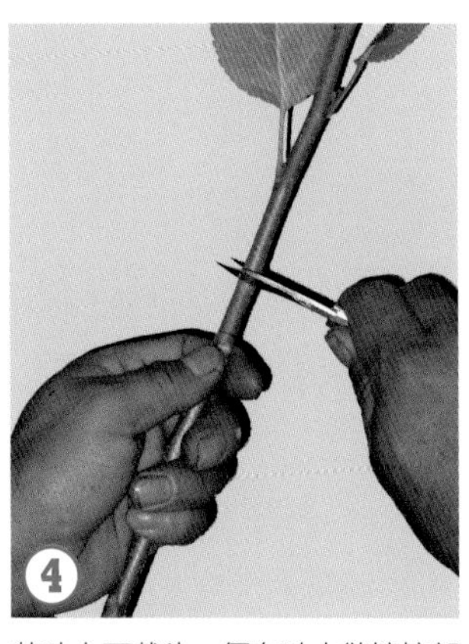

若砧木不截头，便在砧木欲嫁接部位环割两刀，两刀间的距离与环状芽片的长度相同

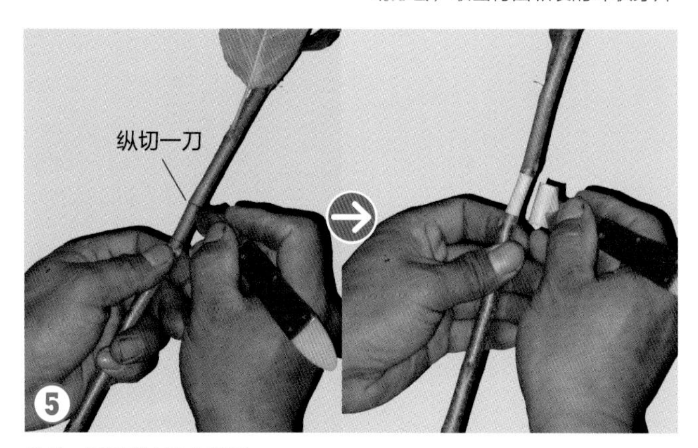

纵切一刀后剥去砧木皮层

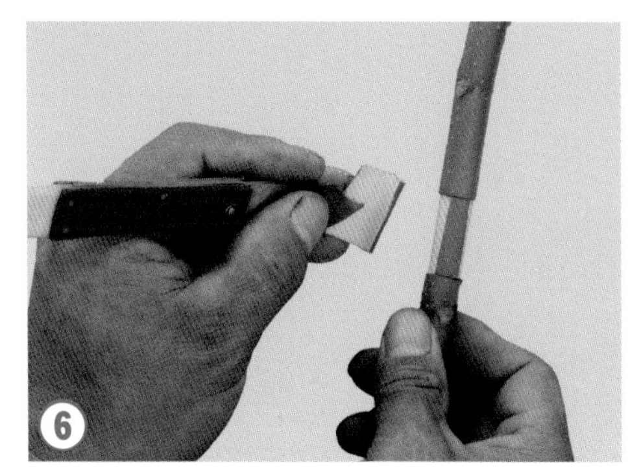

如果砧木比接穗粗，接芽套不能绕满一周时，要留一些砧木树皮，以免伤口过大而影响愈合

将接穗的环状芽片嵌入砧木切口处

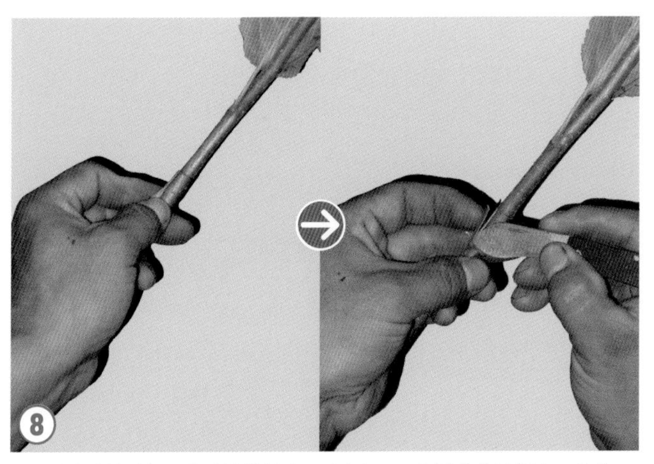

如果砧木比接穗细，接穗的芽片大于砧木切口，则需将芽片切去一部分

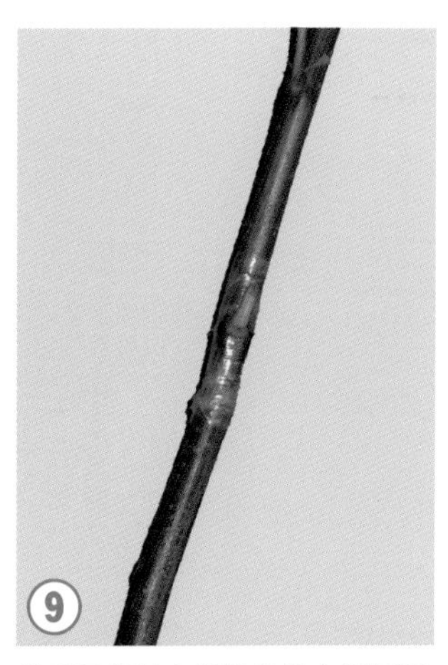

最后用塑料布绑条将接合部包严捆紧

若对砧木进行截头，砧木的切削方法同“去皮套芽接”。

枝接（硬枝嫁接）

枝接就是把带有数个芽或1个芽的枝条接到砧木上。枝接的优点是成活率高，嫁接苗生长快。在砧木较粗或砧、穗均不离皮，以及进行根接和室内嫁接等情况下，多采用枝接法。常见的枝接方法有劈接、切接、插皮接、腹接和舌接等。

在华北地区，枝接一般在树液开始流动至萌芽展叶期（3月上旬~4月上旬）进行。

劈接

用劈接法进行枝接，砧穗接合后夹合牢固，但伤口较大。

嫁接用具：热蜡容器、石蜡、剪枝剪、手锯、劈接刀、绑扎材料、削穗砧、锤子等。

1 削接穗

为了提高嫁接速度，可以两人合作，一人削好接穗，暂时放入盛有清水的水瓶内，另一人进行嫁接。具体内容见下图。

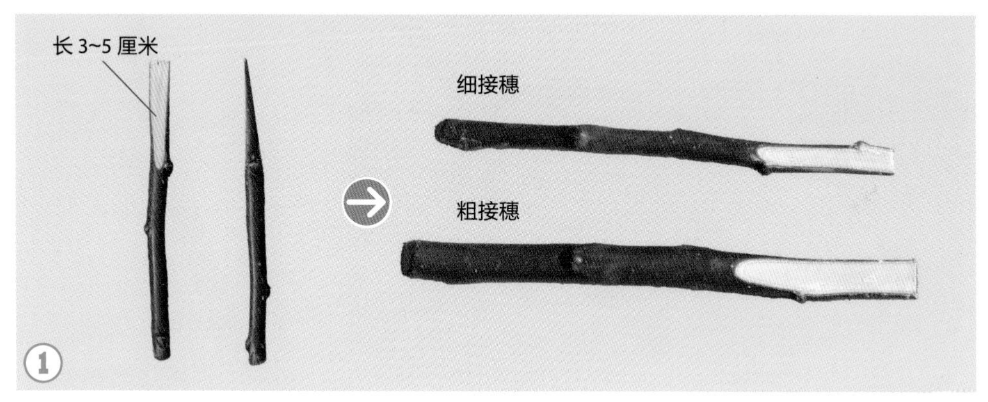

取有 2~4 个芽的蜡封接穗，剪去接穗基部的蜡头。在接穗下部芽的左右各削一刀，形成削面长度为 3~5 厘米的楔形，粗壮的接穗适当长一些

为了省力和提高削面的质量，可借助削穗砧，切面要平滑整齐，角度合适

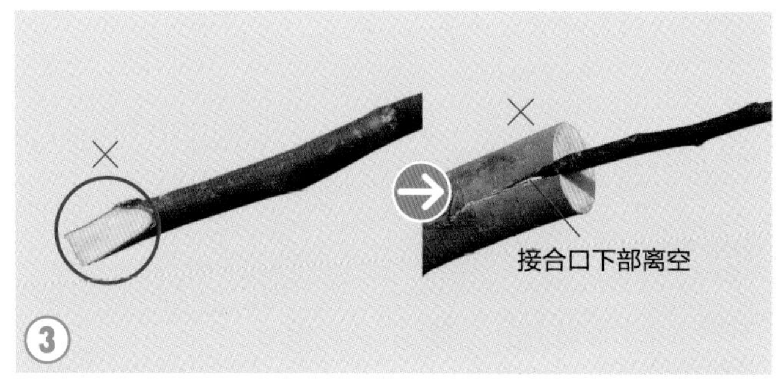

接穗楔形面过短，倾斜角度大，插入砧木后，削面不能与砧木劈口密接，甚至接合口下部离空，影响愈合，且削面短，接触面小，也影响成活

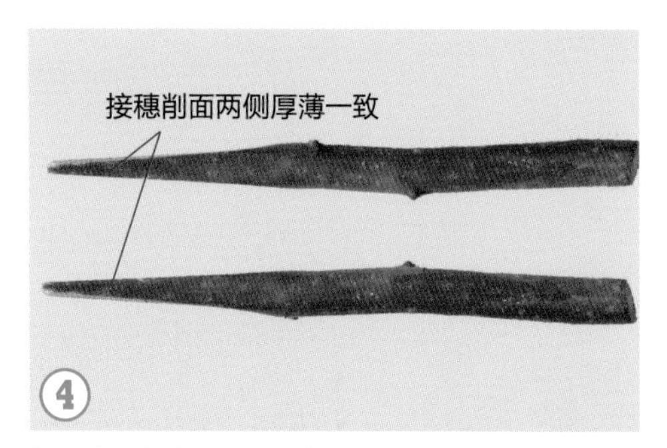

如果砧木与接穗粗细相当，则要求接穗削面的两侧厚薄一致。如果砧木过粗，夹力太大，接穗削面两侧也应该厚薄一致，以免夹伤外侧接合面

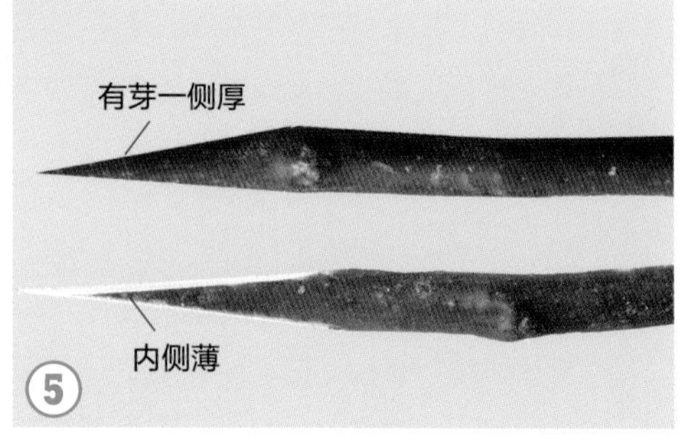

如果砧木略粗于接穗，接穗削面外侧（有芽的一侧）要稍厚于内侧

2 切砧木

切砧木的操作方法见下图。

将砧木在欲嫁接部位剪断或锯断

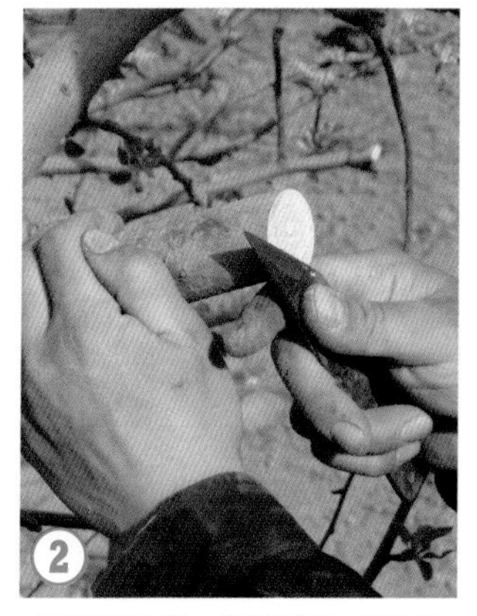

砧桩树皮光滑，纹理通直，无节疤，并用刀削平截口

在砧木中间劈一个垂直的劈口，深度略长于接穗削面

3 插接穗与绑扎

插接穗与绑扎（劈接）的方法见下图。

将砧木劈口撬开，把接穗插入劈口的一侧，使接穗的厚侧面在外，接穗和砧木的形成层对准。不要把接穗的削面都插入劈口，削面要露白 0.5 厘米以利于伤口的愈合

对中等或较细的砧木，在其劈口插 1 个接穗

对砧木直径较大的，可以在劈口的两边各插 1 个接穗，或把砧木劈 2 个切口，插 4 个接穗

最后进行绑扎

切接

嫁接用具：热蜡容器、石蜡、剪枝剪、手锯、劈接刀、绑扎材料、削穗砧等。

1 削接穗

为了省力和提高削接穗的质量，可以借助削穗砧削接穗。具体内容见下图。

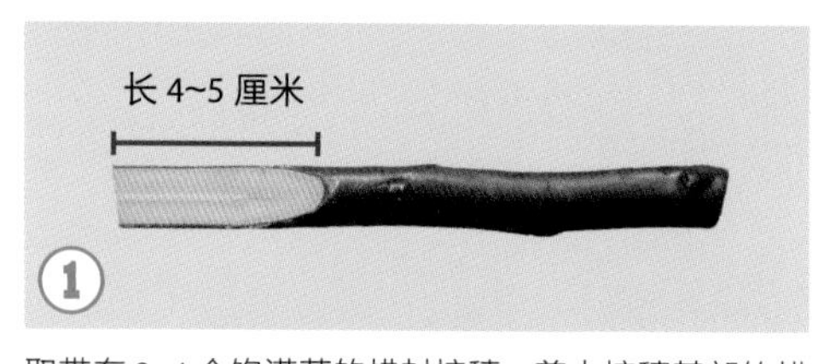

取带有 2~4 个饱满芽的蜡封接穗，剪去接穗基部的蜡头。先削 1 个长 4~5 厘米的长削面

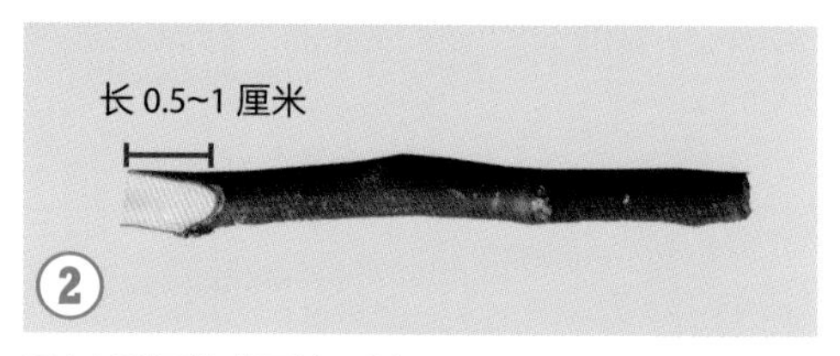

再在长削面的背面削 1 个长 0.5~1 厘米的短削面

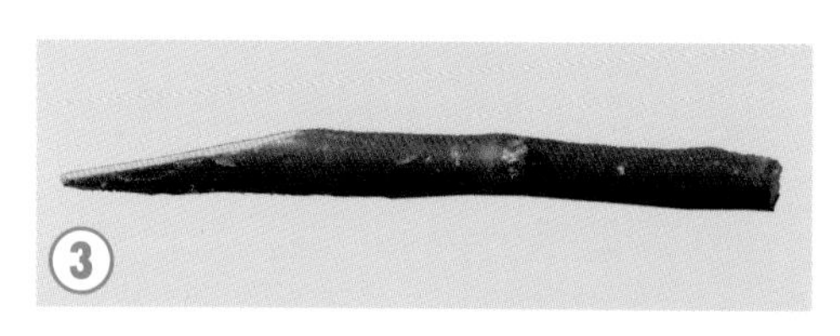

形成一长一短 2 个削面，
削面要平滑

2 切砧木

在砧木的欲嫁接部位选平滑处截断，将截面削平。选树皮平整光滑的一侧，在截口的边缘向下直切（右图），切口长度与接穗的长削面相适应，切口两侧的形成层尽量与接穗的形成层等宽。

切砧木（切接）

3 插接穗与绑扎

插接穗与绑扎（切接）的方法见下图。

将削好的接穗长削面向内插入砧木切口，使两者形成层两侧或一侧对齐，削面露白约 0.5 厘米

用塑料布绑条把接口包严捆紧

腹接

在枝干光秃、补枝填空时多使用此法。腹接较易掌握，操作速度较快。如果剪枝剪刀口锋利，可以只用剪枝剪削接穗、剪切砧木，从而加快嫁接速度。

嫁接用具： 热蜡容器、石蜡、剪枝剪、手锯、劈接刀、绑扎材料、削穗砧等。

1 削接穗

削接穗（腹接）的方法见下图。

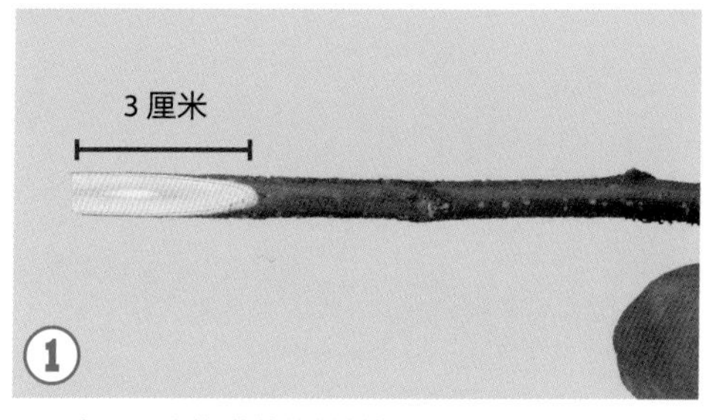

取留有 3~4 个饱满芽的蜡封接穗，剪去接穗基部的蜡头。在接穗基部削 1 个长约 3 厘米的削面

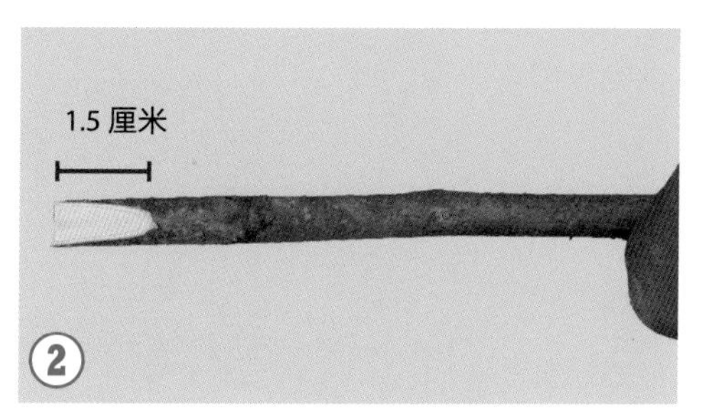

再在其背面削 1 个 1.5 厘米左右的短削面

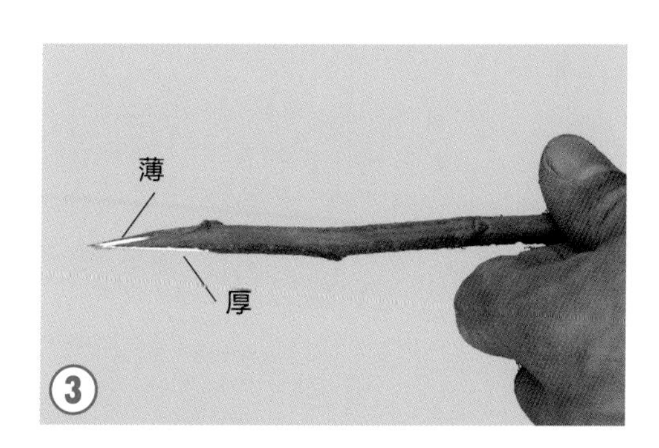

削面两侧，一侧厚另一侧稍薄，厚的一侧长，薄的一侧短，切面呈斜楔形

2 切砧木

在欲接部位选平滑处向下斜切一刀，切口长约 4 厘米，刀口深度达砧木直径的 1/2~2/3（右图）。

3 插接穗与绑扎 | 插接穗与绑扎（腹接）的方法见下图。

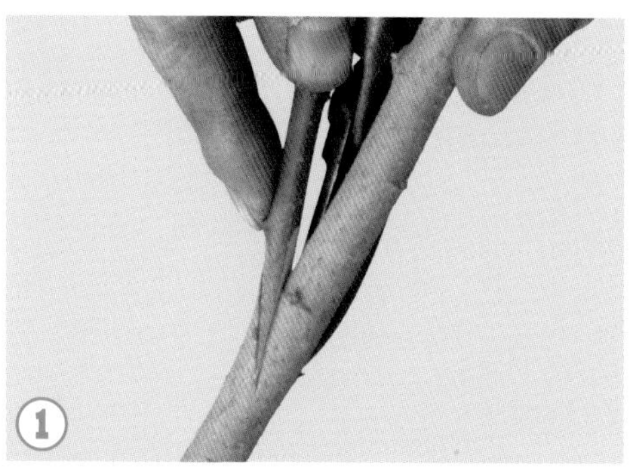

将削好的接穗插入砧木切口中，使大斜面朝内，小斜面朝外，接穗较厚一侧的形成层与砧木形成层对齐

用塑料布绑条将接合部包严捆紧

单芽腹接

嫁接用具：剪枝剪（剪枝剪的大刀刃要锋利）、地膜绑条。

1 削接穗 | 削接穗（单芽腹接）的方法见下图。

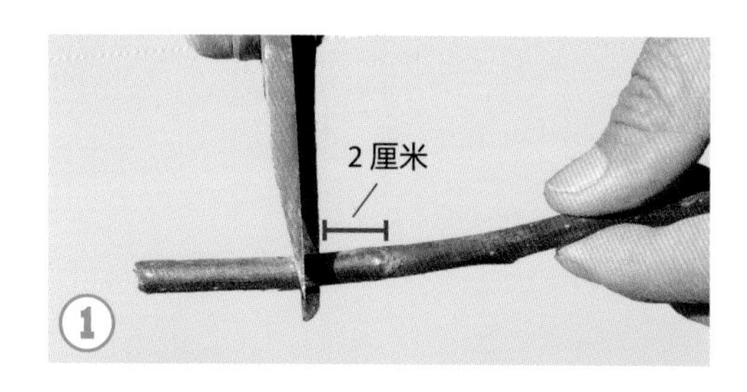

倒握接穗，在接穗基部距接芽 2~3 厘米处剪断。剪接穗时剪枝剪的大刀刃在芽的正下方与枝条成 60 度角

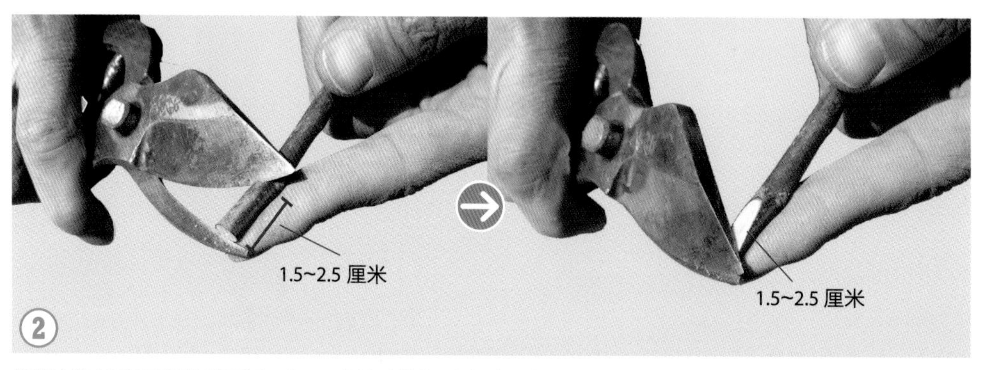

用剪枝剪小刀刃顶住接穗下部，大刀刃在接穗芽的一侧距接穗基部 1.5~2.5 厘米处剪出 1 个长 1.5~2.5 厘米的削面

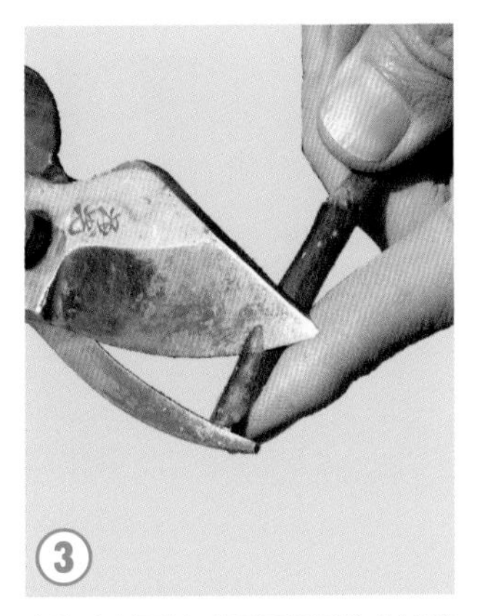

在这个削面的对面用相同的方法剪出另一个削面

在芽上方 0.5 厘米处剪下接芽

削面两侧，一侧比另一侧略厚，接芽位于略厚的一侧

2 切砧木

在砧木的欲嫁接部位，选光滑无疤处用剪枝剪大刃从上至下斜向切入树皮内部，深达木质部，长 2.5 厘米（右图）。

3 插接穗与绑扎

插接穗与绑扎（单芽腹接）的方法见下图。

将削好的接穗插入砧木切口中，使接穗削面较厚一侧的形成层与砧木形成层对齐

用宽 15 厘米的地膜包扎接口，要求接芽处只包一层地膜，接芽萌发后可自行顶破地膜生长

提示

用白地膜包扎接口与接穗时，内部会凝聚水珠，鸟类会啄食水珠而使地膜破裂，影响嫁接成活。为防止鸟为害，需在白地膜外刷一层黑色涂料（右图），或用黑色地膜包扎。

刷涂料防鸟害

皮下腹接

皮下腹接的要求是砧木离皮。

嫁接用具： 热蜡容器、石蜡、剪枝剪、劈接刀、绑扎材料、竹签、削穗砧等。

1 削接穗

削接穗（皮下腹接）的方法见下图。

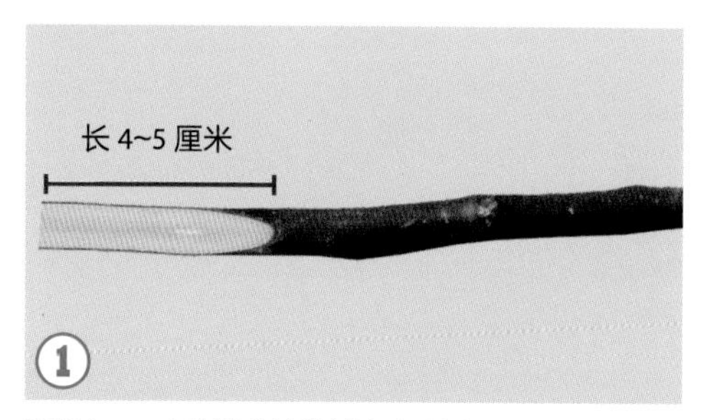

取留有3~4个饱满芽的蜡封接穗，剪去接穗基部的蜡头，在接穗下部削 1 个 4~5 厘米长的平直削面

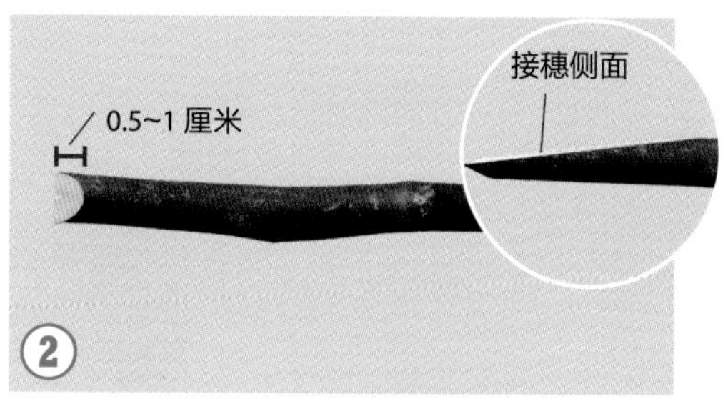

再在其背面削 1 个 0.5~1 厘米的小削面

2 切砧木

切砧木（皮下腹接）的方法见下图。

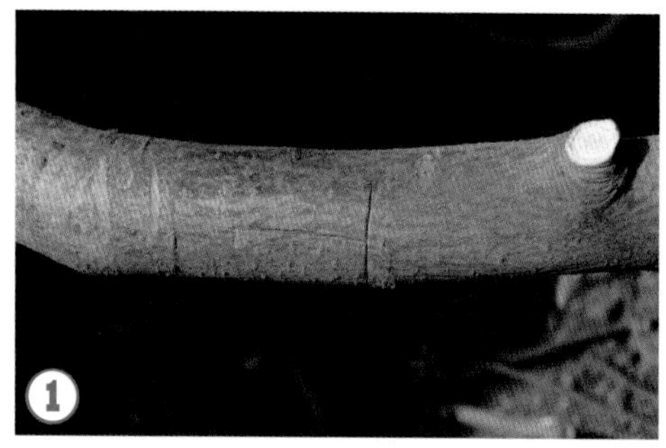

在砧木的欲嫁接部位，选光滑无疤处切一个“丁”字形切口。横切口与接穗削面宽度相当，纵切口略短于接穗削面，深达木质部

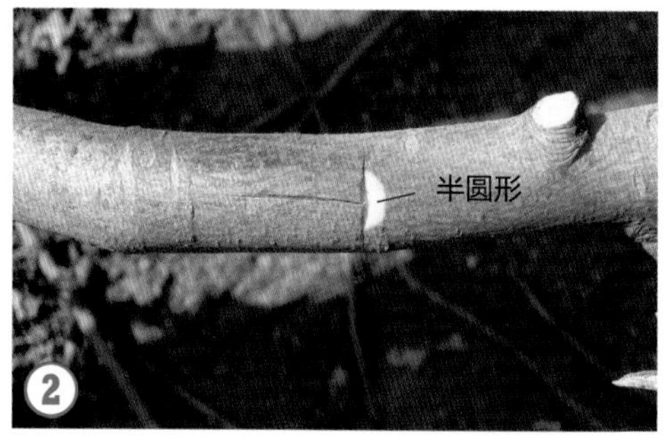

如果树皮太厚，可在“丁”字形口的上面削一个半圆形的斜面便于接穗插入和接合紧密。也可用竹签插入“丁”字形接口然后拔出，这样接穗易于插入

3 插接穗与绑扎

插接穗与绑扎（皮下腹接）的方法见下图。

将接穗插入，长削面向内

用塑料布绑条将接合部包严捆紧

插皮接

插皮接的要求是砧木离皮。

嫁接用具：热蜡容器、石蜡、剪枝剪、手锯、劈接刀、绑扎材料、竹签、削穗砧等。

1 削接穗

削接穗（插皮接）的方法见下图。

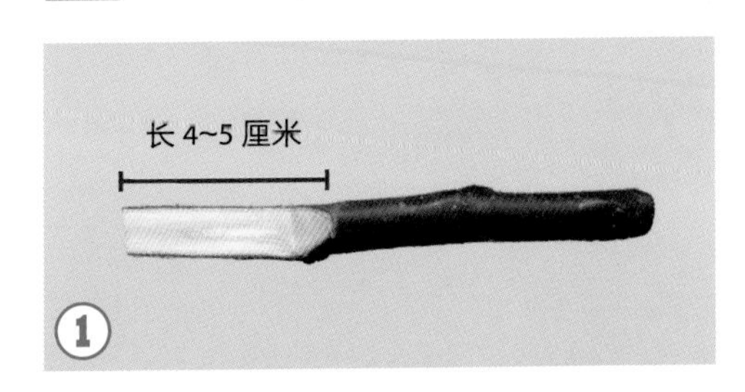

取留有 3~4 个饱满芽的蜡封接穗，剪去接穗基部的蜡头。在接穗下端削 1 个 4~5 厘米长的舌状削面。切削时，将刀与接穗成 45 度角横切入接穗，切入 1/2 时向前推削到前端

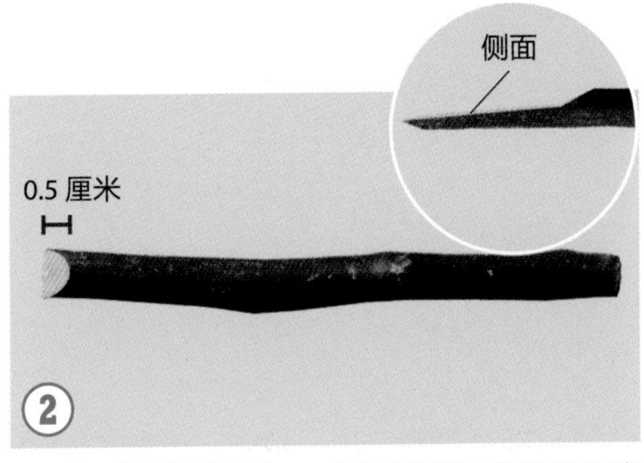

接穗背面的削法有两种，一是在背面削 1 个长 0.5 厘米左右的小斜面

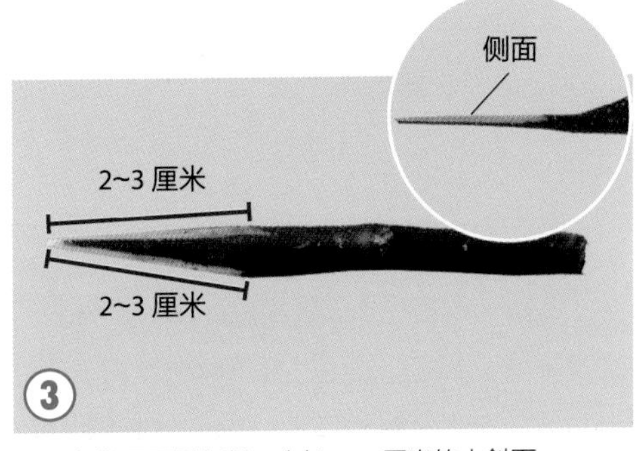

二是在背面两侧各削 1 个长 2~3 厘米的小斜面

2 切砧木

切砧木（插皮接）的方法见下图。

在砧木欲嫁接部位截断，选择树皮光滑的部位，从截面处向下纵切皮层一刀，长约 1.5 厘米

用刀将切口树皮两边挑开一点，或用与接穗切削面近似的竹签自砧木形成层处垂直插下，再拔出竹签

3 插接穗与绑扎

插接穗与绑扎（插皮接）的方法见下图。

从切口处或竹签插入处插入接穗，长削面朝里，削面露白约 0.5 厘米

用塑料布绑条将接合部包严捆紧

舌接（双舌接）

舌接（双舌接）的要求是砧木与接穗直径大致相同，且不宜过粗，一般直径为 1 厘米左右。此法多用于葡萄、核桃、板栗等的嫁接。

嫁接用具：热蜡容器、石蜡、剪枝剪、手锯、劈接刀、绑扎材料等。

1 削接穗

削接穗（舌接）的方法见下图。

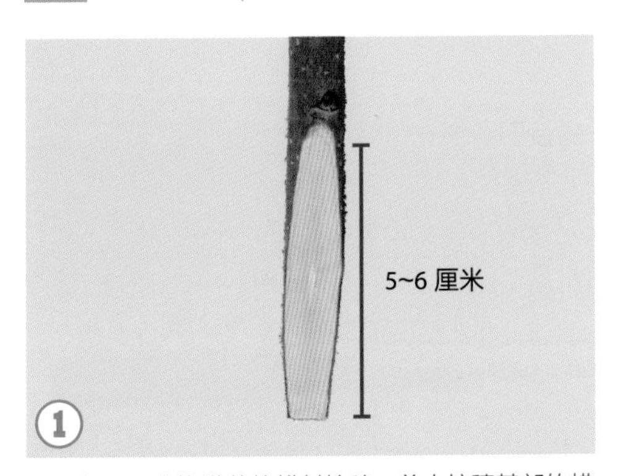

取留有 2~3 个饱满芽的蜡封接穗，剪去接穗基部的蜡头，在下端削 1 个长 5~6 厘米的斜面，倾斜度为 15 度

再在斜面前端 1/3 处顺接穗向下切一刀，深约 2 厘米

2 切砧木

切砧木（舌接）的方法见下图。

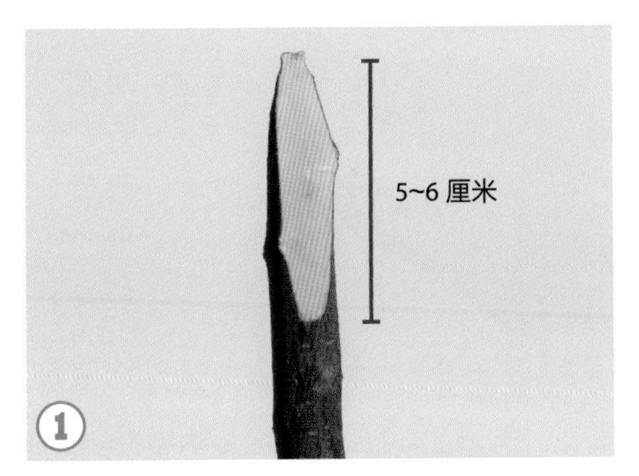

先将砧木剪断，用刀削 1 个和接穗相同的斜面

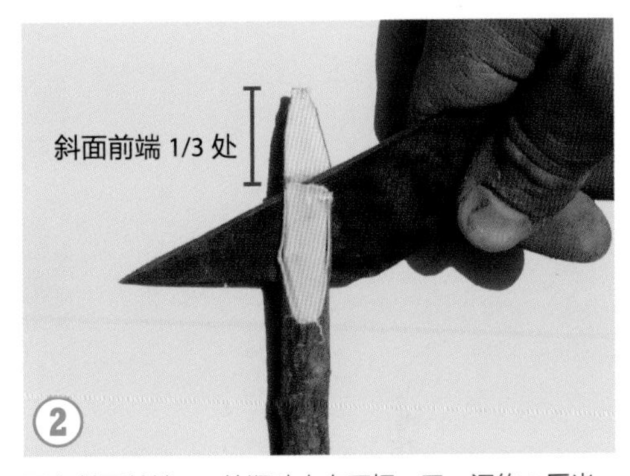

再在斜面前端 1/3 处顺砧木向下切一刀，深约 2 厘米

3 插接穗与绑扎

插接穗与绑扎（舌接）的方法见右图。

将砧木和接穗相互插合在一起，两边或一边的形成层对齐

用塑料布绑条将砧木和接穗捆紧包严

插皮舌接

插皮舌接的要术是砧木和接穗均要离皮。优点是形成层接触面大，愈合容易，嫁接成活率较高。

嫁接用具：热蜡容器、石蜡、剪枝剪、手锯、劈接刀、绑扎材料、竹签等。

1 削接穗

取留有 3~4 个饱满芽的蜡封接穗，剪去接穗基部的蜡头，在接穗基部削 1 个 4~5 厘米长的舌状削面（右图）。切削时，将刀与接穗成 45 度角横切入接穗，切入 1/2 时向前推削到前端。

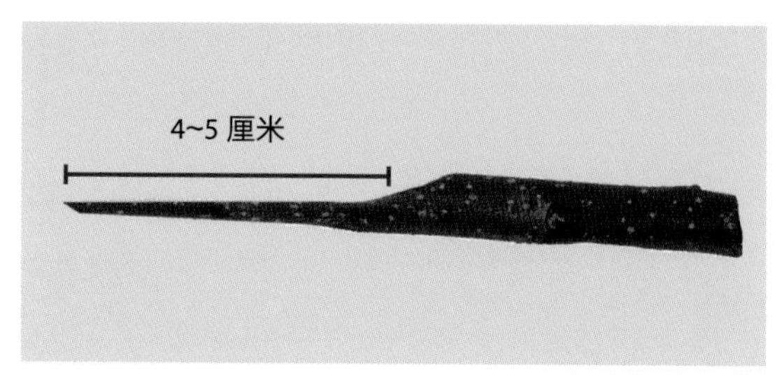

削接穗（插皮舌接）

2 切砧木

在砧木欲嫁接部位截断，选择光滑的一面削去砧木皮层的老粗皮，露出嫩皮，削面长 5~7 厘米、宽 2~3 厘米（右图）。

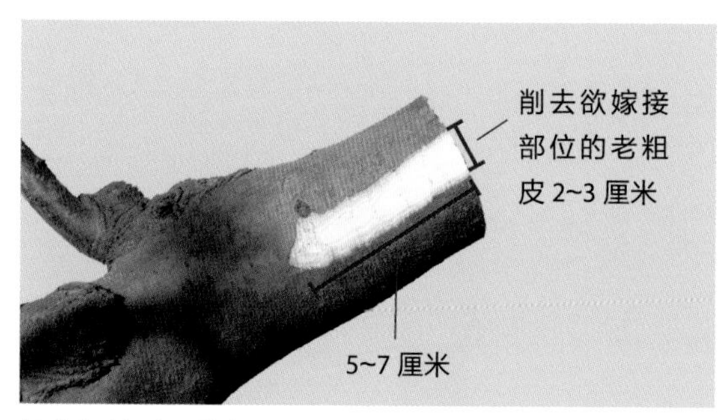

切砧木（插皮舌接）

3 插接穗与绑扎

插接穗与绑扎（插皮舌接）的方法见下图。

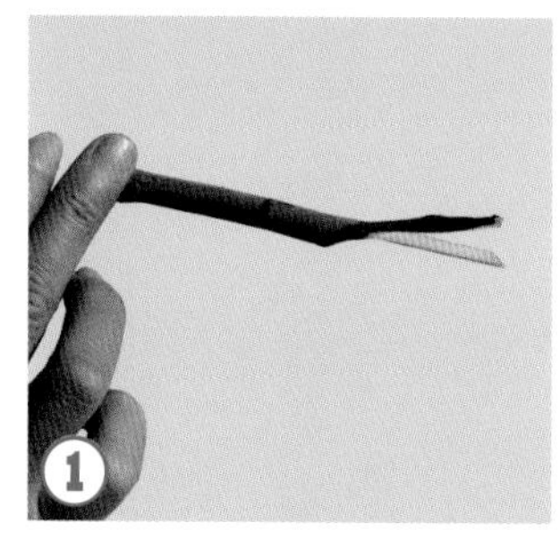

将接穗下端舌状削面的皮层和木质部分离

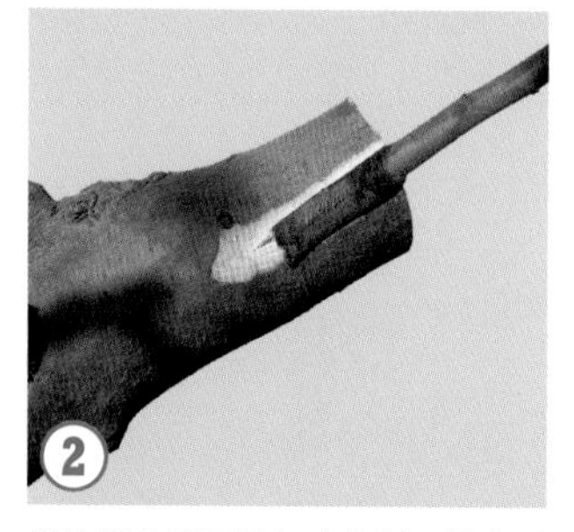

把接穗木质部插入砧木削面的木质部和韧皮部之间，将接穗的皮层紧贴砧木皮层削面的嫩皮部分

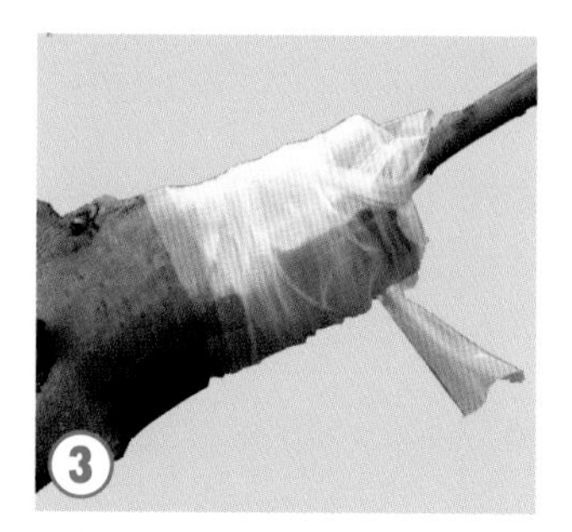

用塑料布绑条包扎接口

靠接

靠接是指嫁接时接穗可以不离开母体，砧木一般也不剪截，将砧木和接穗枝条相互靠拢即可（右图）。

嫁接用具：剪枝剪、劈接刀、绑扎材料等。

砧木与接穗

1 合靠接（搭靠接）

合靠接的方法见下图。

一般砧木与接穗直径相当，在砧木和接穗欲接合部位各削去一块皮层，稍带木质部，成为互相等同的伤口

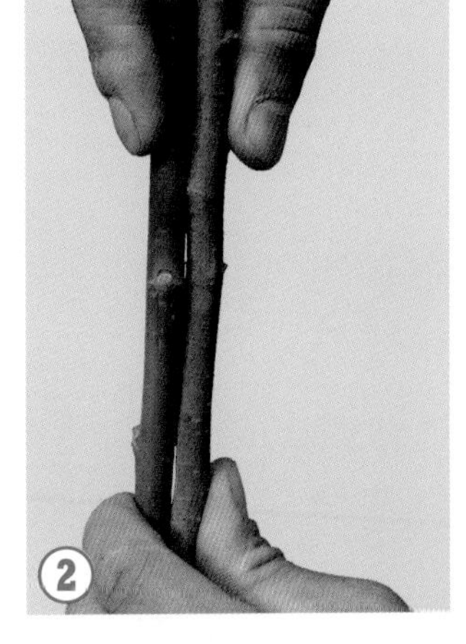

将双方伤口合在一起，使形成层对齐

用塑料布绑条把接合部绑扎捆紧

成活后，将接合处以上的砧木部分及接合处以下的接穗部分剪去

2 舌靠接

舌靠接的方法见下图。

要求砧木和接穗直径相近，在砧木欲靠接部位向下斜切一刀，深度约 3 厘米，呈舌形口，削去舌片外的树皮

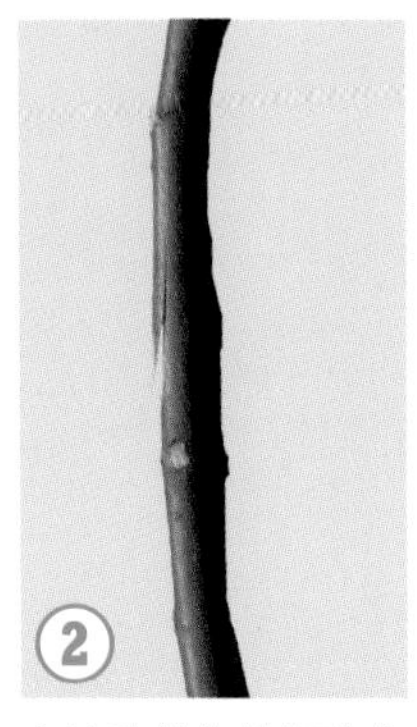

在接穗欲靠接部位向上斜切一刀，深度约 3 厘米，呈舌形口，也削去小舌外的树皮

接穗和砧木互相插入裂口之中，对齐形成层

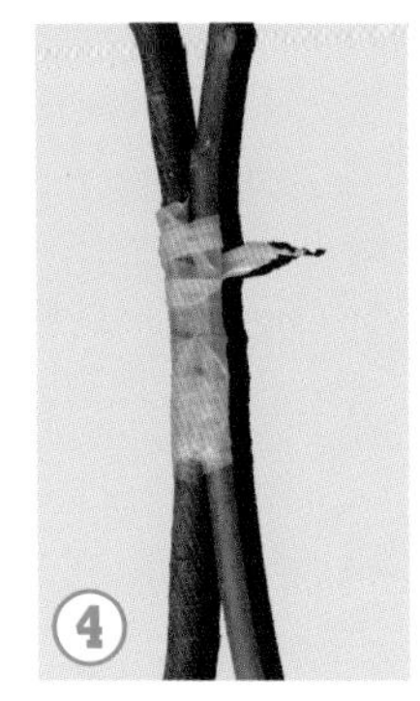

用塑料布绑条将接合部捆紧包严

3 镶嵌靠接

用于砧木粗、接穗细时的嫁接，具体内容见下图。

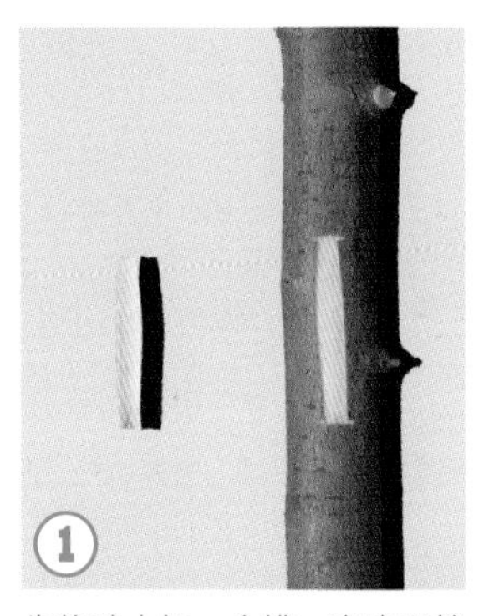

先将砧木切一个槽，宽度和接穗直径相同，长度为 4~5 厘米，将树皮挖去

在接穗欲靠接部位削去一块皮层，形成长约 4 厘米的削面

将接穗削面处嵌入砧木槽内

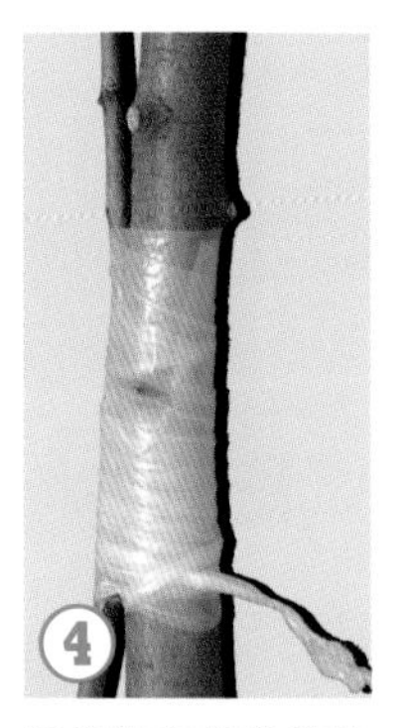

用塑料布绑条将接合部捆紧包严

鞍接（倒劈接）

鞍接即倒劈接，适于接穗较粗而砧木较细（右图）时的嫁接。

嫁接用具： 热蜡容器、石蜡、剪枝剪、手锯、劈接刀、绑扎材料等。鞍接的具体方法见下图。

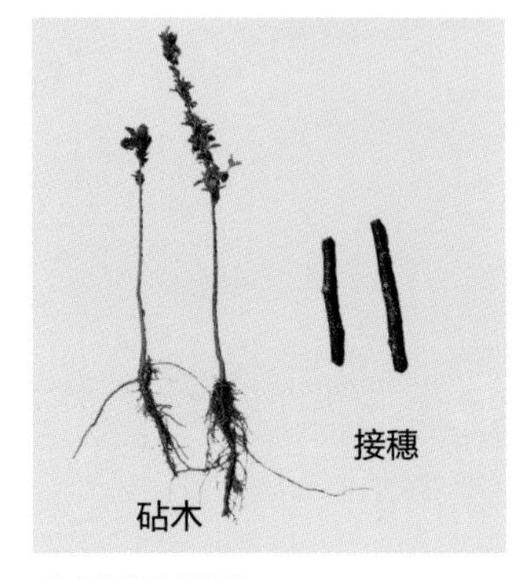

砧木细而接穗粗

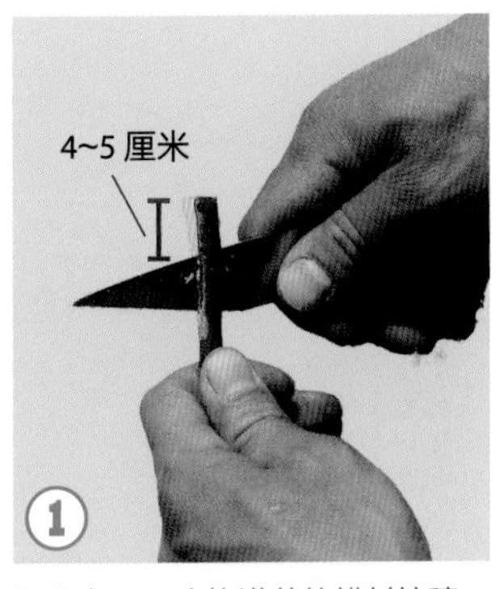

取留有 3~4 个饱满芽的蜡封接穗，剪去接穗基部的蜡头，劈开接穗下部，深 4~5 厘米

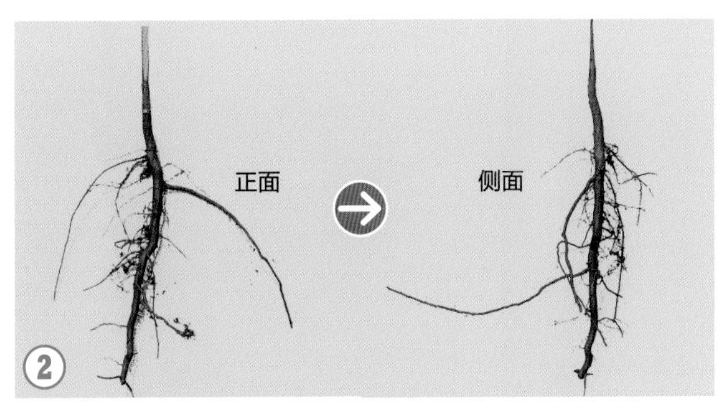

将砧木在欲嫁接部位剪断，在其上部左右各削一刀，形成削面长度为 3~4 厘米的楔形。切削方法同劈接时接穗的切削

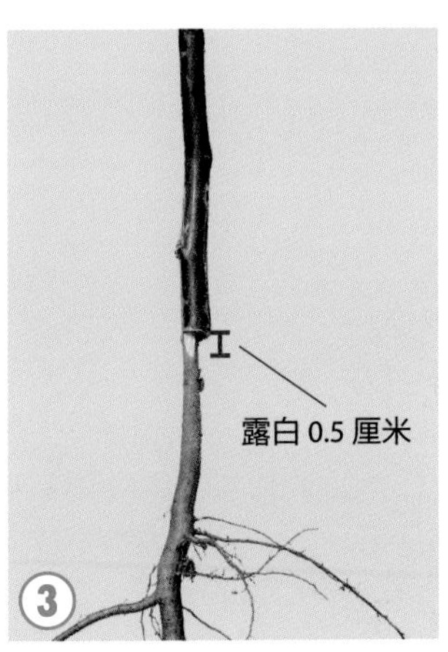

将接穗劈口分开，把砧木插入劈口，使接穗和砧木的一侧形成层对齐，砧木削面不要全部插入劈口，要露白 0.5 厘米，以利于伤口愈合

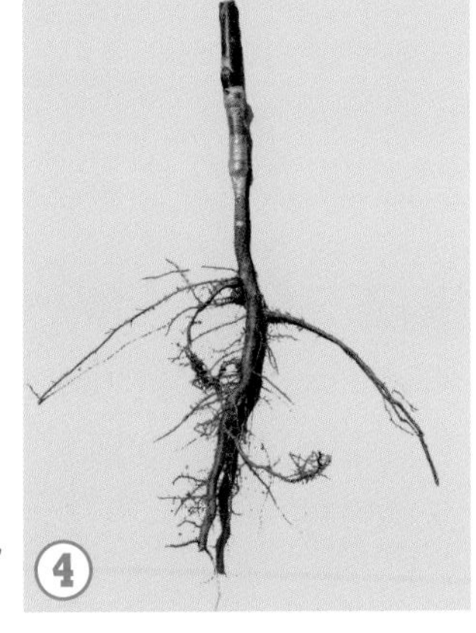

用塑料布绑条包扎好劈接口

镶接

镶接多在砧木较粗时应用，在补空填枝时也可应用。镶接时砧木可不剪断。

嫁接用具： 热蜡容器、石蜡、剪枝剪、手锯、劈接刀、绑扎材料等。镶接的具体方法见下图。

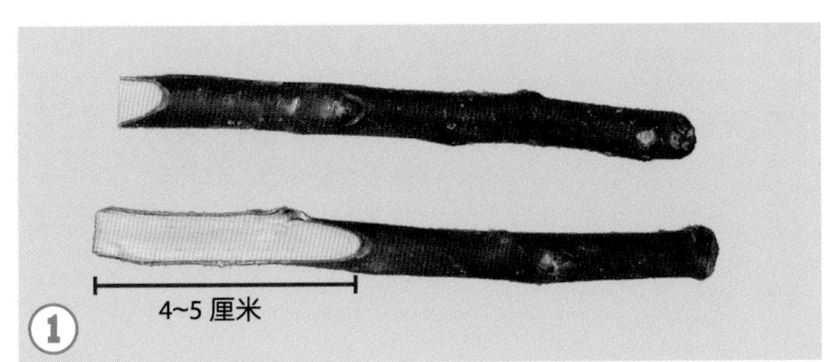

取留有 3~4 个饱满芽的蜡封接穗，剪去接穗基部的蜡头，在接穗下部先削 1 个长 4~5 厘米的长削面，再在长削面的背侧削 1 个与长削面相接并成 45 度角的短削面

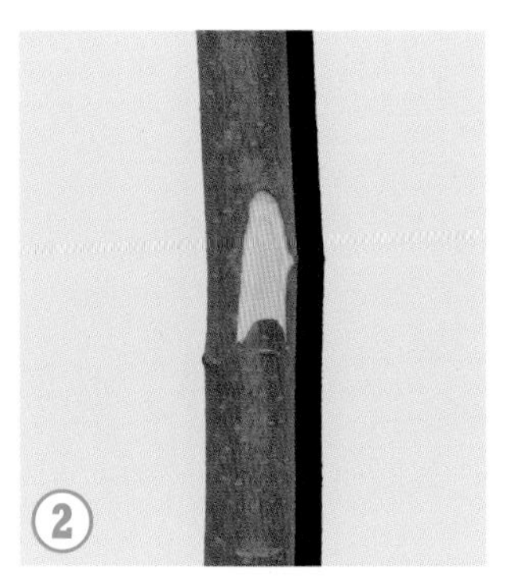

在砧木的欲嫁接部位由上而下斜切一刀，深入木质部，切口长度与接穗长削面一致，然后在切口下方以45度角斜切一刀，与第一刀相遇。取下砧木切口的带木质部树皮，形成和接穗削面相应的切口

接穗削好后随即将其镶在砧木的切口上

用塑料布绑条包扎好接口

搭接（贴接、合接）

在切接时，若砧木切削失败，则常用搭接法补救。

嫁接用具：若热蜡容器、石蜡、剪枝剪、手锯、镰刀或劈接刀、绑扎材料等。搭接的具体方法见下图。

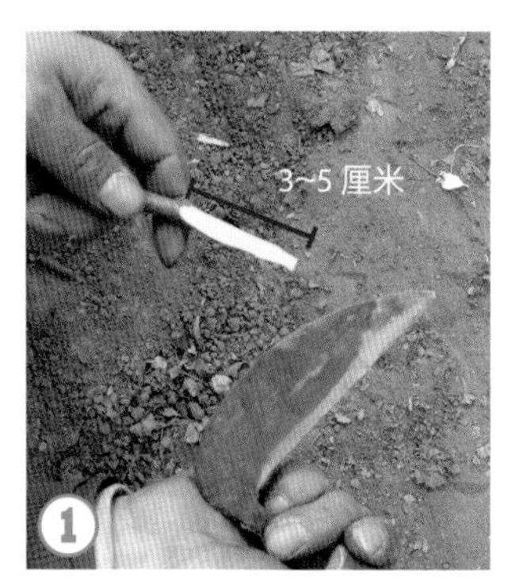

取留有3~4个饱满芽的蜡封接穗，剪去接穗基部的蜡头，在接穗的下部削1个长削面，削掉1/3以上的木质部，削面长3~5厘米

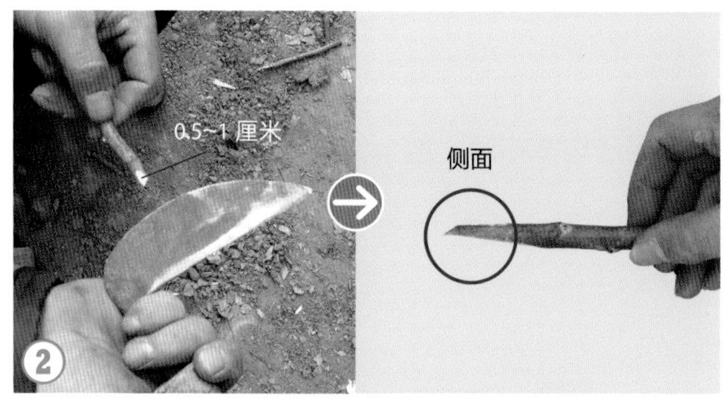

在长削面的对侧，削1个长0.5~1厘米的短削面，削面要平滑

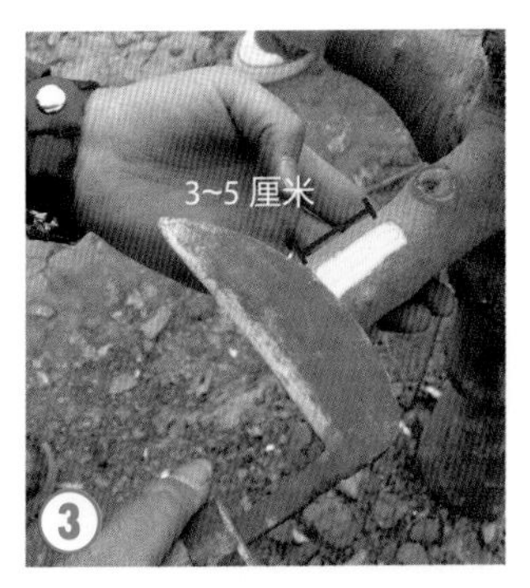

将砧木在欲嫁接部位截断，在砧木光滑的一侧削 1 个长 3~5 厘米的平直切口，深达木质部，削面长度与宽度要和接穗的削面相适应

将切削好后的接穗与砧木两个削面对准搭合，使形成层对齐

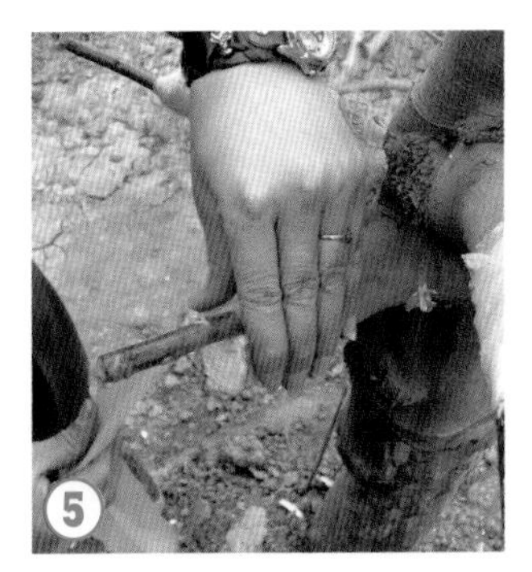

用绑扎材料绑紧包严

提示 为保证硬枝嫁接的成活率，嫁接刀、剪枝剪的刀刃要锋利，削面要平直光滑，无毛刺。对嫁接口及接穗进行保湿和绑扎也是促进嫁接成活的重要措施。蜡封的接穗，可用塑料布绑条只包扎绑紧接口；未蜡封的接穗，嫁接时用塑料薄膜包扎整个接穗，接穗芽处只包裹一层薄膜，这样芽萌发时可以自行顶破薄膜（右图）。

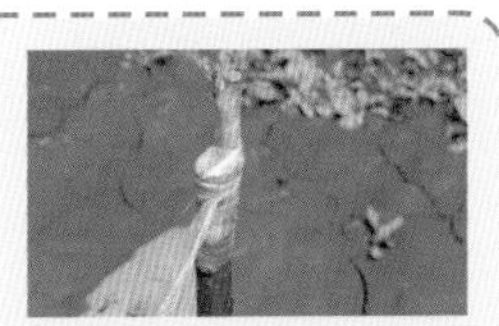

用地膜包扎

嫩枝嫁接（绿枝嫁接）

嫩枝嫁接是利用果树当年半木质化的新梢作为接穗进行的嫁接，主要有嫩枝劈接、嫩枝靠接、“丁”字形嫩枝接等。此方法具有接穗和砧木切削容易，嫁接适期长，繁殖速度快，嫁接成活率高等优点。

嫩枝嫁接一般在 5 月下旬 ~6 月下旬进行为宜，太早进行会因枝条过嫩而使嫁接成活率低，过晚则接芽萌发所抽生的新梢生长时间短，在秋季不能正常成熟，影响安全越冬。葡萄嫩枝嫁接的适期是 6 月中旬 ~7 月上旬。

嫩枝劈接

嫁接用具：剪枝剪、芽接刀或剃须刀片、绑扎材料、塑料袋、盛接穗用水瓶等。

嫩枝劈接的方法同硬枝劈接，接穗尽量选用与砧木等粗的新梢，剪成有 2~4 个芽的枝段，上端距顶芽 0.5~1.0 厘米。以葡萄为例，其嫩枝劈接方法见下图。嫁接时操作速度要快而轻，绑扎时不可用力过度，防止损伤幼嫩枝芽。

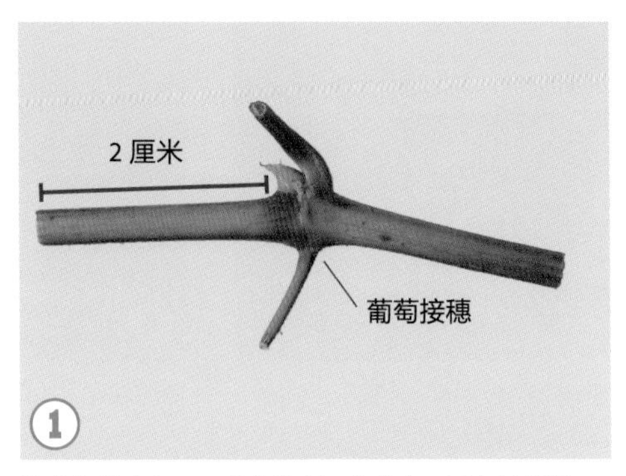

将葡萄剪成有 1~2 节的枝段，在芽上 2 厘米处剪断

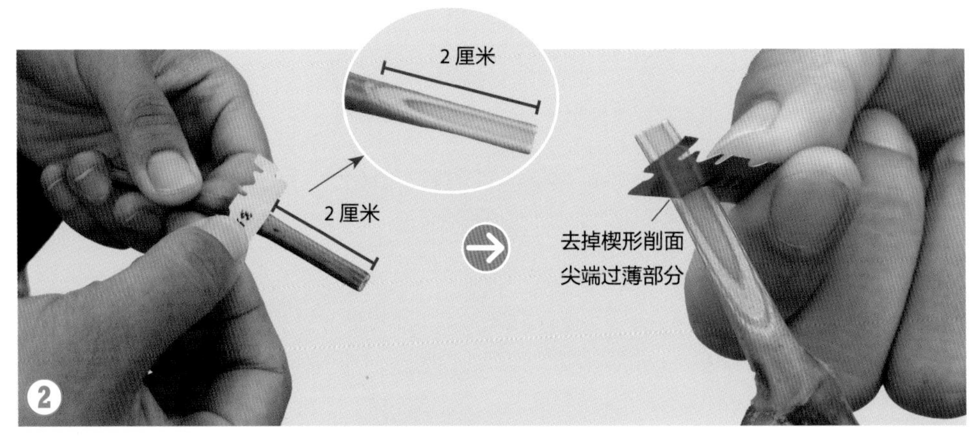

下端削成 2 厘米左右长的楔形，比硬枝劈接的楔形短些

将砧木于欲嫁接部位剪断

自中间劈开，切口长 2 厘米左右

插入接穗

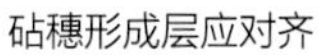
砧穗形成层应对齐

用塑料布绑条将整个接穗绑严

仅露出芽体

嫩枝靠接

嫁接用具：剪枝剪、芽接刀或剃须刀片、绑扎材料、花盆或塑料袋、玻璃瓶等。

将接穗植株移栽到花盆、营养钵等容器内。嫁接时将其移近砧木，使两绿枝靠接在一起，接穗不从母体上剪下来，砧木一般也不剪截，具体方法参见“硬枝靠接”，一般采用合靠接法。待成活后从接合部位以下剪去接穗植株，以上剪去砧木的枝梢。其特点是成活率高，多用于珍贵品种的嫁接。

对接穗植株不能移栽的，可剪取接穗，把接穗下部插入盛有清水的容器内（右图）或盛有湿土的花盆中，也可以用塑料袋、玻璃瓶等，以延长接穗的保鲜时间，提高嫁接成活率。

接穗保鲜

“丁”字形嫩枝接

嫁接用具：剪枝剪、芽接刀、绑扎材料等。

“丁”字形嫩枝接又称拉栓接，多用于枣树，是利用枣头上尚未木质化的主芽作为接芽。嫁接时间一般从枣头长 30 厘米至停止生长前。接穗选取当年生枣头嫩枝，在主芽上方 0.5~1 厘米处剪掉上方枝条，从二次枝基部 1 厘米处剪掉二次枝，嫁接方法见下页图。

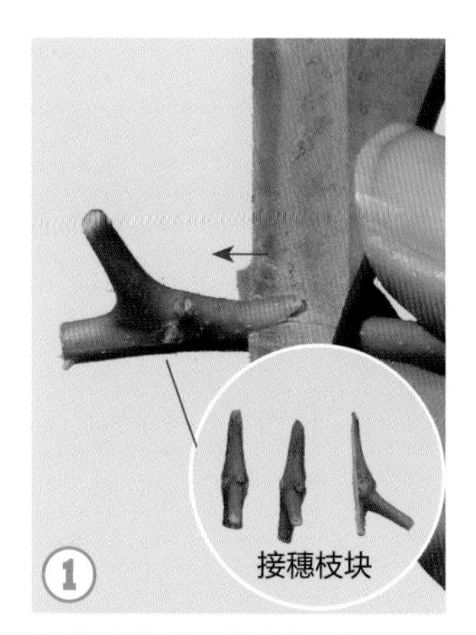

左手正握接穗，从主芽下部 1 厘米处自下而上斜削一刀，削下 1 个带有主芽的斜面枝块

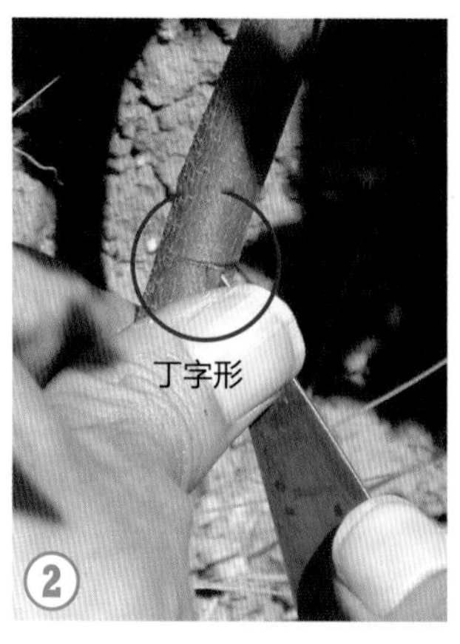

砧木选迎风光滑处，切“丁”字形接口，横口长 1 厘米，纵口长 2 厘米，深达木质部

拨开砧皮，将枝块插入接口，使接穗的横切口与砧木横切口密接

嫁接完成后绑扎，经 15 天左右剪砧。此法嫁接成活率高，操作简单，当年即能萌发生长。

提 示 为保证嫁接成活率，插入枝块后要将接合部位与接穗全部绑严，或只露出芽眼。也可只绑扎接合部位，使砧穗紧密接合，然后用一只小塑料袋将接穗和接合部位全部套入，下口绑扎封严。为防接穗失水，最好在接穗上端进行遮阳。

CHAPTER 04

第四章 嫁接技术的特殊应用

根　接

根接是指嫁接部位在砧木根部进行的嫁接。嫁接方法有劈接、倒劈接、倒腹接、倒插皮接等。

用根作为砧木育苗

嫁接用具：热蜡容器、石蜡、剪枝剪、手锯、劈接刀、绑扎材料、削穗砧、竹签、锤子等。

根接多在冬季室内进行。在苗木出圃时或秋、冬季节深翻改土时，收集直径在 0.2 厘米以上的砧木根，并截成 10 厘米左右长的根段（右图）。根据砧、穗直径采用不同的方法进行嫁接，砧木粗接穗细时用劈接，砧木细接穗粗时用倒劈接、倒腹接或倒插皮接。嫁接后用湿沙分层堆藏，以促进接口愈合，4 月中下旬移植于苗圃中。

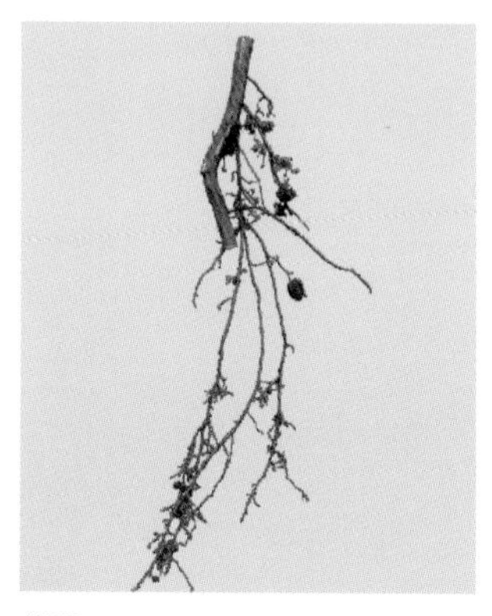

根段

1 倒劈接

方法与鞍接法类似，具体内容见下图。

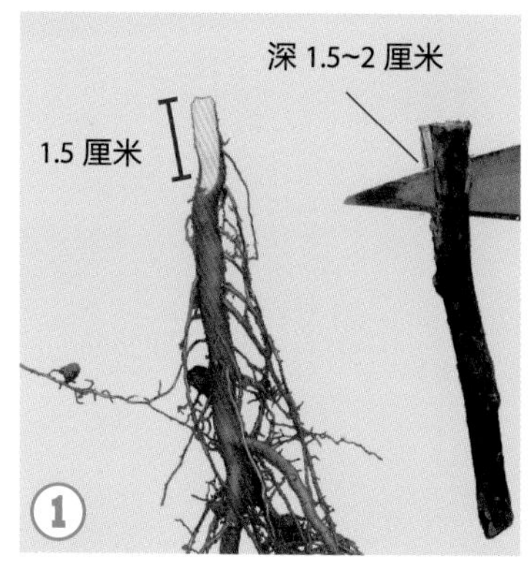

取留有 3~4 个饱满芽的蜡封接穗，剪去接穗基部的蜡头，把接穗下部的截面从中间劈开，深 1.5~2 厘米。在砧木根段的上部左右各削一刀，形成削面长度为 1.5 厘米的斜楔形，切面要平滑整齐，削面两侧一侧厚一侧薄

将接穗劈口撬开，插入根段，使根段的削面厚侧在外，接穗和根段的形成层对齐

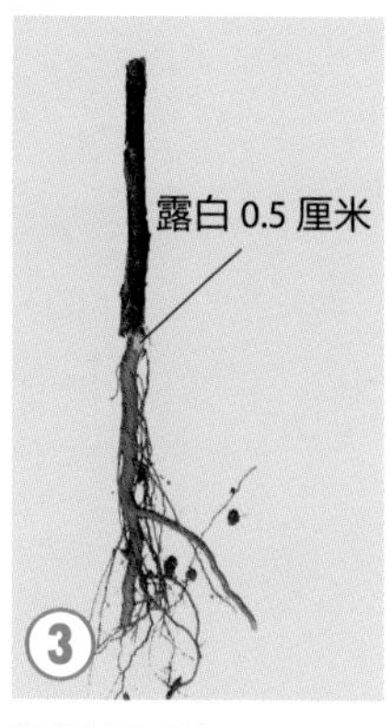

根段削面露白 0.5 厘米，以利于伤口愈合

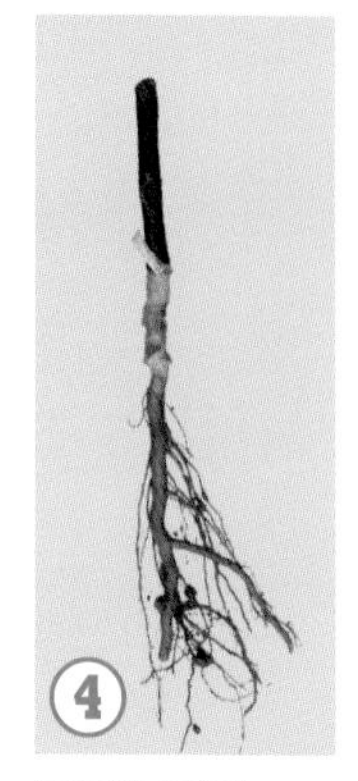

最后进行绑扎

2 倒腹接

倒腹接的具体内容见下图。

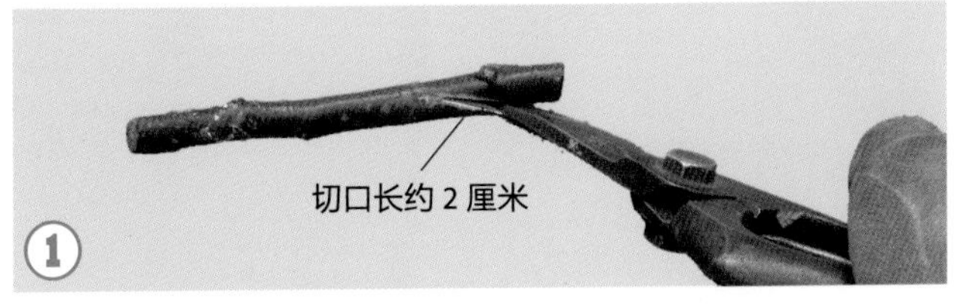

取有 3~4 个饱满芽的蜡封接穗在接穗下部向上斜切一刀，切口长约 2 厘米，深度达接穗直径的 1/2~2/3

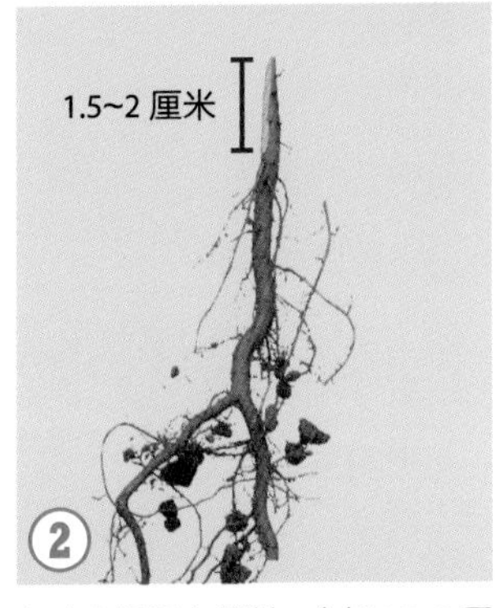

在砧木根段上端削 1 个长 1.5~2 厘米的削面，再在其背面削 1 个长 1 厘米左右的短削面，一侧厚而另一侧稍薄，切面呈斜楔形

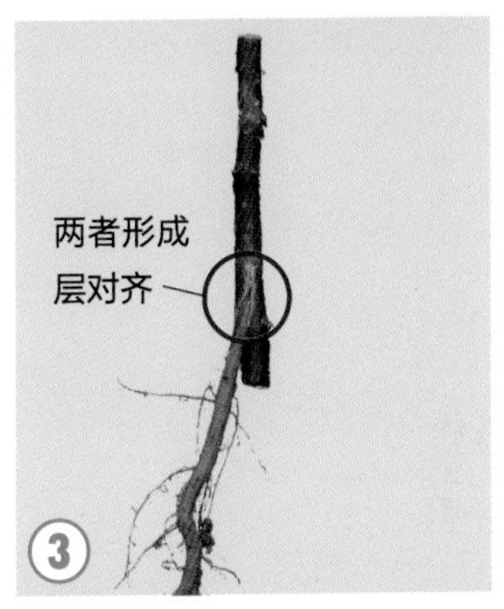

将削好的砧木根段插入接穗切口中，使两者形成层对齐，大斜面朝内，小斜面朝外

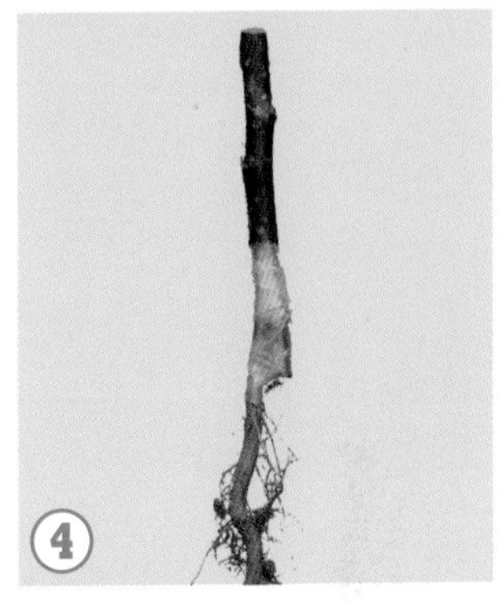

最后进行绑扎

3 倒插皮接

倒插皮接的具体内容见下图。

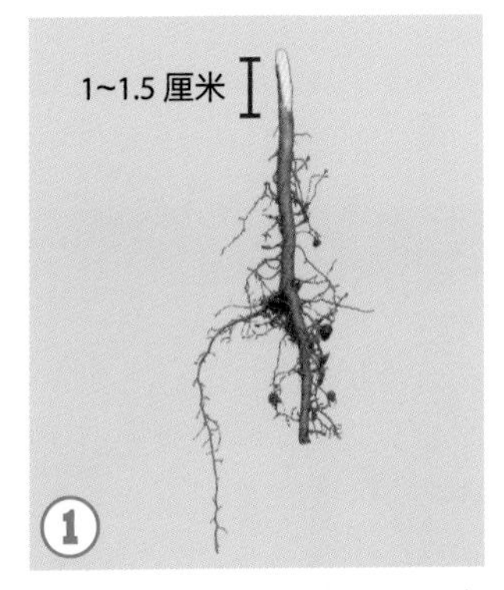

取直径为 0.2 厘米左右的根段，在其上端削 1 个长 1~1.5 厘米的长削面

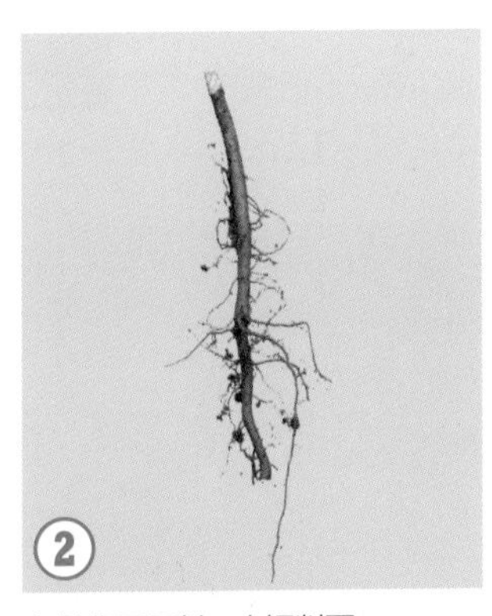

在其背面再削 1 个短削面

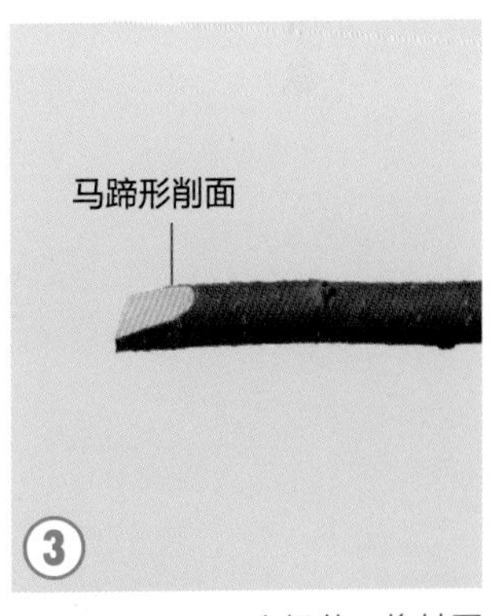

对接穗剪留 3~4 个好芽，将其下端削成马蹄形削面

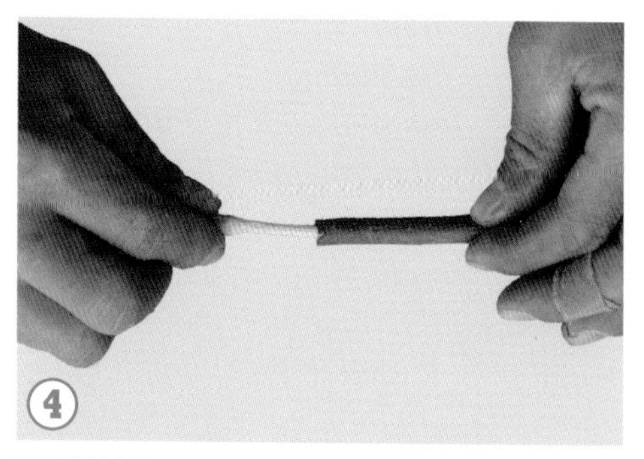

再用竹签从马蹄形切口尖端皮层与木质部之间轻轻插入

然后拔出竹签再插入根段，长削面向里，最后进行绑扎

根接换头

嫁接用具：热蜡容器、石蜡、剪枝剪、手锯、劈接刀、劈刀、绑扎材料、削穗砧、竹签、锤子等。

当植株地上部被冻死或因其他原因死亡（右图）而砧木根系完好，或为了更换品种时，可用根接换头。根接换头的植株根系大，地上部生长快。

根接换头在 3 月中旬 ~4 月上旬进行。嫁接时，先将根颈部周围的土扒开，将死亡的地上部锯掉。然后采用劈接或插皮接接上新的栽培品种（下图），并用土埋好接口。7 月解除绑缚物，再用土埋好接口，并立支柱绑缚新梢以防大风吹折。

地上部死亡

锯掉地上部

劈接

插皮接

桥 接

桥接是在果树枝干遭受病害或机械损伤后，用来弥补受损枝干养分输送能力的一种嫁接方法。因多数是在伤口的上下两端搭接，所以称为桥接。

嫁接用具：剪枝剪、劈接刀、绑扎材料、竹签、削穗砧、黄泥、铁钉、锤子等。

两头桥接

1 腹接桥接法

腹接桥接法见下图。

切砧木的方法与皮下腹接相同，在树干受损部位的上部切一个倒“丁”字形切口，深达木质部，在倒“丁”字形口的下面削一个马蹄形的斜面，以利于插入接穗并使砧穗密接

在树干受损部位的下部切一个“丁”字形切口，方法同前，但方向相反

选择同品种或同树种上的1年生充实枝条作为接穗。接穗的粗细可视具体情况而定，过粗不易操作，过细不易成活。接穗长度比上下两“丁”字形口的距离长10厘米

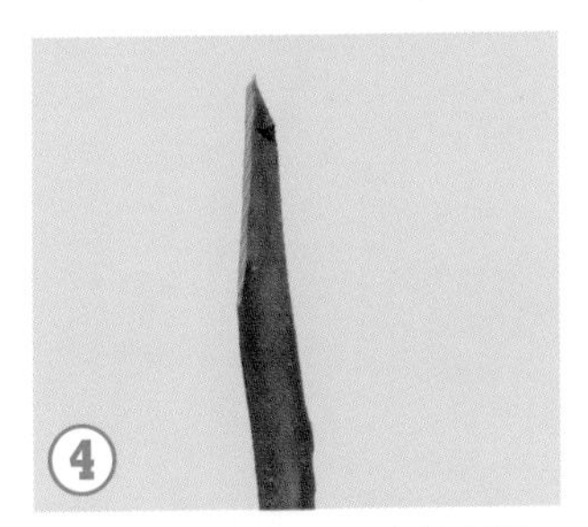

将接穗两端按腹接的要求削成斜面

为便于插入接穗，可先将竹签插入“丁”字形接口。插接穗的方法与腹接相同

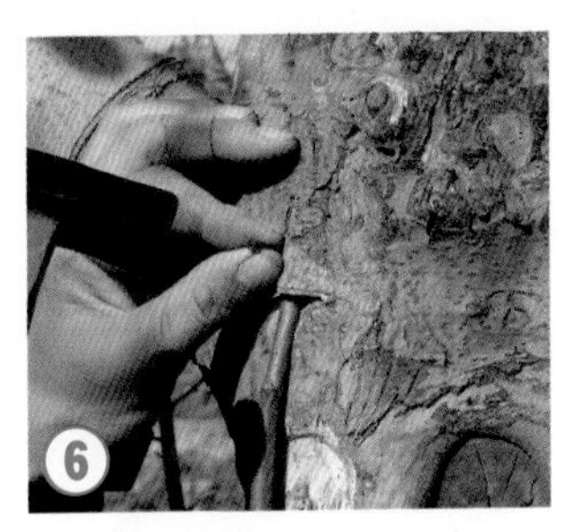

插入接穗后用铁钉固定

在接口处涂泥以保湿

最后用塑料布绑条进行包扎

2 镶嵌桥接法

近似于镶嵌靠接法，具体方法见下图。

先于枝干受损部位的上方纵划两道平行切口，深达木质部，宽度与接穗上端的直径一致，长约 5 厘米。然后于平行切口下端倾斜 30 度左右用刀尖斜向上切入，深达木质部，将树皮挑起，保留 1~1.5 厘米削断

下切口与上切口的操作方法相同，但方向相反

根据砧木上下两切口的距离，截取适宜长度的接穗

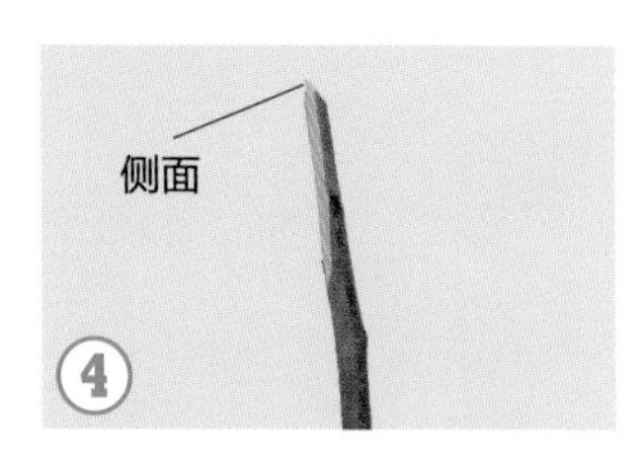

将接穗上下两端各削 1 个长削面，长度略长于砧木切口，于背面各削 1 个长 0.8~1 厘米的短削面

然后将接穗上下两端分别嵌入砧木切口内，大削面朝内

用铁钉固定接穗

在接口处涂泥以保湿

最后用塑料布绑条包扎接口

提 示 若伤口过大，可一次接上多个接穗。用铁钉固定时，应使接穗与砧木紧密贴合，但不可太过用力，以免树皮与接穗受到挤压。用泥土保湿时，泥土湿度以手握成团，松手即散为宜。

利用萌蘖或栽植砧木苗进行桥接

利用伤口下的萌蘖或栽植砧木苗进行桥接时，可将萌蘖或苗木上端短截后用皮下腹接或镶嵌靠接法接入伤口的上部（右图）。苗木或萌蘖也可以不短截，采用靠接法进行嫁接，伤口愈合后再将萌蘖或苗木上部剪除。

利用砧木苗进行桥接

利用树根进行桥接

将根颈伤疤处下方的树根挖出，反弯向上，用镶嵌桥接法或腹接桥接法，接入伤疤上面的接口（右图）。

提 示 通常情况下，在果树的整个营养生长季节均能进行桥接，但在生长开始至落花后是进行桥接的最佳时间段，这个阶段树液循环比较频繁，很快就会形成愈伤组织，成活率比较高。

利用树根进行桥接

中间砧苗的嫁接

在抗寒栽培或矮化密植栽培中，常用抗寒中间砧或矮化中间砧苗，以提高抗寒能力或矮化树体。此外还可以利用中间砧的方法克服嫁接的不亲和性，如对于与砧木亲和力弱、不易接活的品种，应选择既与砧木亲和性好又与嫁接品种亲和性好的品种作为中间砧进行繁殖。中间砧苗的培育主要有隔年分次嫁接、一年分次嫁接、分段嫁接、二重接、双芽靠接等方法，下面以培育苹果矮化中间砧苗为例，分述各嫁接方法。

隔年分次嫁接

隔年分次嫁接的方法见下图。

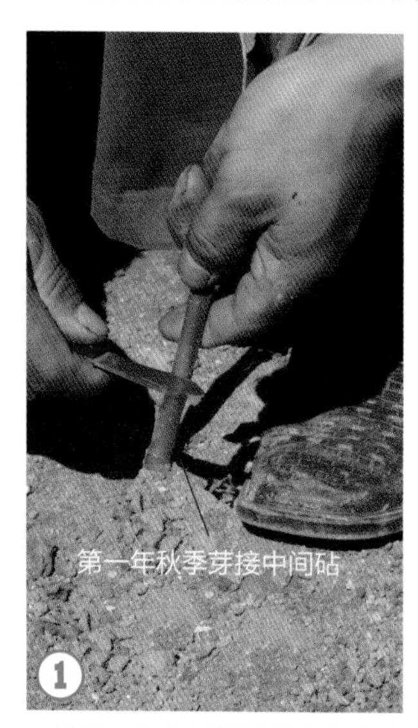

一般第一年春季播种培育实生砧苗，夏、秋季先把中间砧接穗芽接到基砧（实生砧木）上

第二年春季剪砧，待秋季中间砧段长到一定长度、粗度时再芽接栽培品种，或第三年春季枝接栽培品种或第一年春季播种培育实生砧苗，第二年春季先把中间砧接穗枝接到基砧上，第三年春季再枝接栽培品种到中间砧上

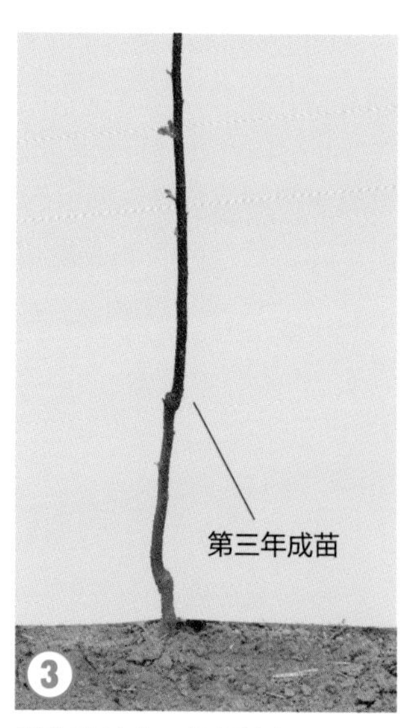

矮化砧长度一般保持在 25~30 厘米，3 年便可成苗出圃

一年分次嫁接

一年分次嫁接的方法见下图。

第一年春季播种培育实生砧苗，第二年 3 月中旬 ~4 月中旬先在基砧上枝接中间砧

7~8 月中间砧长到一定高度时再芽接栽培品种

第三年春季剪砧，中间砧苗 1 年内完成 2 次嫁接，3 年即可成苗出圃

分段嫁接

分段嫁接就是以芽接和枝接相结合的方法来培育中间砧苗。如在中间砧上选 1 年生的长枝，每隔 30 厘米左右分段芽接栽培品种（右图）。第二年春季将每段带有栽培品种接芽的中间砧枝条，剪成 30 厘米左右长的枝接接穗，以劈接、切接或皮下接等方法接在基砧上，2 年内完成中间砧苗的培育。

分段嫁接

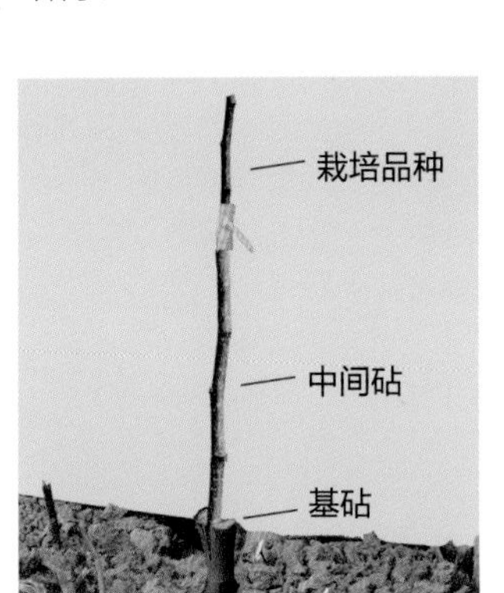

二重接

二重接

先剪取长 25~30 厘米的中间砧段，在中间砧段上枝接或芽接栽培品种，同时把接有栽培品种的中间砧段作为接穗，枝接在基砧上即成中间砧苗（左图）。在 1 年内完成嫁接繁殖的过程，2 年即可成苗出圃。

双芽靠接

双芽靠接的方法如下图所示。

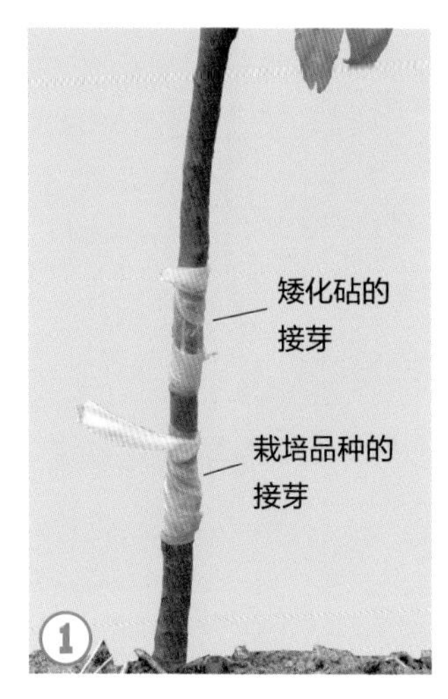

在基砧近地面处芽接栽培品种，再在其对面略高于栽培品种的接芽处芽接中间砧

第二年春季剪砧，促进 2 个接芽萌发新梢

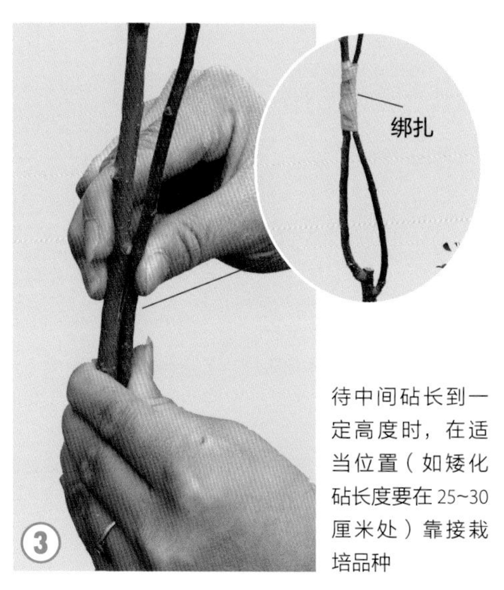

待中间砧长到一定高度时，在适当位置（如矮化砧长度要在 25~30 厘米处）靠接栽培品种

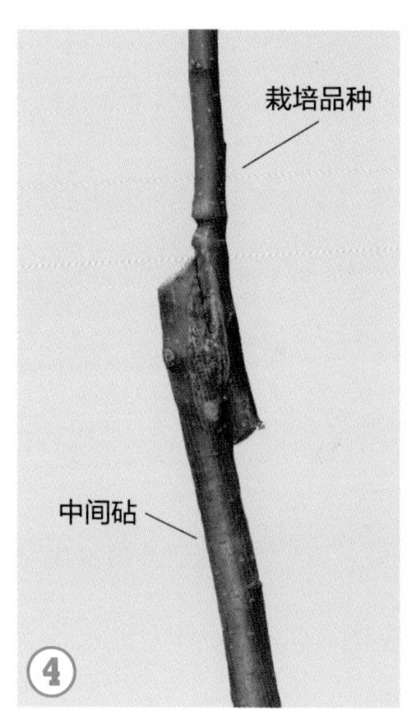

两者愈合后，剪除接口上部矮化中间砧的枝梢和接口下部栽培品种的枝段。2 年内完成嫁接，2 年即可成苗出圃

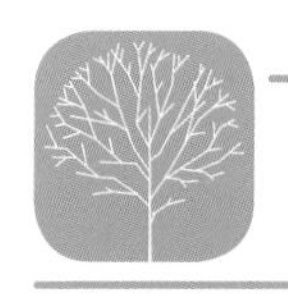

高接换头

在进行品种改良，提高果树的抗寒、抗病性，以及弥补授粉品种的不足时可应用高接换头技术。常用的嫁接方法有劈接、切接、插皮接、腹接、舌接、芽接等。根据高接部位的不同又分为主干高接、骨干枝高接、多头高接等。

主干高接

在树干部位选较光滑的地方锯断，用刀把截面削平后进行嫁接，嫁接方法有劈接、切接、插皮接等，树干较粗的可以在截面的不同方位多嫁接几个接穗。此方法适合树干以上部位死亡或受伤时采用（右图）。对于生长正常的树体，用此法进行高接换优，会破坏地下（根）与地上生长的平衡关系，对树势削弱较大，成形较慢。

梨树主干高接

骨干枝高接

嫁接方法有劈接、切接、插皮接、腹接等。此法保留了构成原树体树形的骨干大枝，高接后易整形且成形快（下图）。

苹果树骨干枝高接

多头高接

为了尽快形成树冠，提早结果，可以根据果树的整形修剪要求，在原树体的枝组或小分枝上进行嫁接，嫁接方法有单芽腹枝接、劈接（下图）、切接、插皮接、腹接等。若大枝光秃、枝组空缺，可以用腹接、镶接、芽接等方法补枝填空。

梨树用单芽腹枝接换头

梨树用劈接换头

提 示 高接换头一般在春季果树萌芽前后进行为宜。

CHAPTER 05

第五章
嫁接后的管理

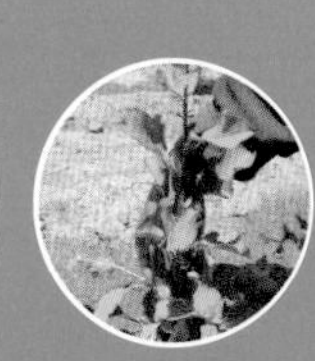

检查嫁接成活状况

大多数果树夏、秋季芽接10~15天后即可检查嫁接成活状况。可从接芽和叶柄的状态来判断是否成活：凡接芽新鲜，叶柄一触即落者为成活；叶柄不落，接芽干缩或发黑变褐者没有成活。

一般枝接 3~4 周后就可看出是否成活。成活的接穗皮部保持青绿，芽开始萌发；未成活的接穗皮部皱缩干枯。

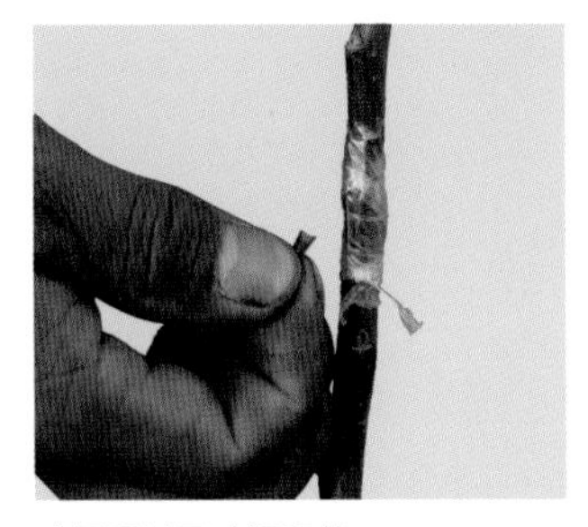

成活后触及叶柄即落

嫁接后的树体管理

解除绑缚物与芽接苗木剪砧

解除绑缚物与剪砧的时间要根据嫁接的方法、接口愈合情况、嫁接的时期及要达到的目的而定。

1）春季芽接后立即剪砧，包扎时露芽的或用地膜包扎的，于嫁接后 60 天解除绑缚物；用塑料布绑条等不露芽包扎的，于嫁接后 20 天解除绑缚物。

2）6 月上旬前芽接，包扎不露芽的，为了使接芽当年萌发，促进枝条发育，需在 6 月中旬前解除绑缚物，并剪砧；8~9 月嫁接的苗木，在第二年春季萌发前解除绑缚物，并剪砧。对生长量大的树种，如桃等，在嫁接后 10 天左右解除绑缚物，以免愈伤组织生长过快，芽体被包裹而影响萌发，于第二年春季剪砧。

剪砧的部位在接口上方 0.5 厘米处，剪口要平滑，并稍向接芽对面倾斜，不要留得太长，也不要向接芽一方倾斜，以免影响接口愈合。春季干旱多风地区可采用二次剪砧，第一次剪砧时剪的部位高一些，待接芽萌发生长到一定粗度时再剪去剩余砧桩。

3）春季枝接的一般在 6~7 月解除绑缚物，解绑时间不宜过早或过晚，一般在接穗芽抽生的新梢进入旺盛生长后解绑。过早会影响伤口愈合，过晚往往会因高接枝迅速加粗生长而使绑缚物勒进枝条皮层内（下页左图），影响枝条的牢固性。砧木过粗时，可分 2 次解除枝接的绑缚物，即嫁接成活后枝条速长前（6 月）先松绑（下右图），待接口基本愈合后（8 月）再全部解绑。

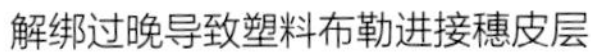
解绑过晚导致塑料布勒进接穗皮层

砧木过粗的先松绑

除萌

嫁接后砧木上会发生很多萌蘖，处理不及时，会因消耗养分而影响接芽生长（下图）。对萌蘖要反复多次疏除。枝接未接活的应从萌蘖中选留 1 个壮枝，以备补接，其余全部疏除。

除萌

若为主干高接等大换头，在不影响高接枝生长的情况下，砧木上的枝条或萌蘖要适当保留一些，以便维持较适宜的冠根比，待树冠基本恢复后再疏除。

立支柱

风大的地区对接穗萌发的新梢要立支柱（下图）。一般新梢长到 10 厘米左右时，用绑扎材料以“∞”字形绑在支柱上。绑缚时在新梢处不可太紧或太松，以免勒伤枝条或不起作用。

给高接树绑支柱

给苗木立支柱

整形修剪

高接和根接换头的树，要根据树形的要求，进行夏季修剪。对于多头高接树，一个嫁接部位萌发多芽，形成多个新梢的，选择生长健壮的 2 个枝保留，其余的疏除。对保留的枝条进行拉枝以开张角度，其中一个枝进行摘心或扭梢（下图）。根接换头的树，选择一个生长直立、健壮的枝进行以后的树形培养，其余的作为辅养枝进行摘心或扭梢。

拉枝

摘心

扭梢

追肥

为促进枝条生长，在嫁接成活后进行施肥或叶面喷肥，如喷施0.2%~0.3%尿素1~2次。7~8月以追施磷、钾肥为主，以促进枝条成熟，提高越冬能力。

苹果黄蚜

黑星麦蛾

舟形毛虫

刺蛾

步曲

病虫害防治

注意防治危害嫩梢和叶片的病虫害，如蚜虫类、卷叶蛾类、毛虫类、刺蛾类、步曲、褐斑病等。

蚜虫类可选用 10% 吡虫啉可湿性粉剂 3000 倍液、1.8% 阿维菌素乳油 4000~5000 倍液或 50% 抗蚜威可湿性粉剂 1500~2000 倍液进行防治。卷叶蛾类、毛虫类、刺蛾类和步曲等可选用 25% 灭幼脲 3 号胶悬剂 2000 倍液、1.8% 阿维菌素乳油 5000 倍液、2.5% 功夫或溴氰菊酯乳油 3000 倍液进行防治。褐斑病等可选用 50% 多菌灵可湿性粉剂 800~1000 倍液或 70% 甲基托布津可湿性粉剂 1000 倍液防治。

对于高接树要注意防治危害接口和枝干的害虫。危害接口的常见害虫有透翅蛾、梨小食心虫等，危害枝干的害虫主要有天牛类、吉丁虫、大青叶蝉等。

透翅蛾的防治可在早春结合刮治粗皮时进行。细致检查主干、主枝，发现有红褐色虫粪和黏液时，用刀挖出幼虫并杀死。梨小食心虫、大青叶蝉等，可选用 2.5% 功夫菊酯 1500~2000 倍液、1.8% 阿维菌素 3000~4000 倍液、25% 灭幼脲 3 号 1500~2000 倍液或 20% 除虫脲 4000~6000 倍液等药剂进行防治。防治天牛类害虫时，要及时发现幼虫危害造成的孔洞，将 4.5% 高效氯氰菊酯配成 200 倍的药液，用注射器注入 1 个排粪孔（其他孔应先堵住）可杀死其中的幼虫。

CHAPTER 06

第六章

北方常见果树的嫁接技术

苹果、梨的嫁接

苹果的砧木

苹果的砧木按繁殖方式，可分为有性实生砧、无融合生殖实生砧和营养砧3大类。

1. 有性实生砧

常用的有山定子、毛山定子、西府海棠、楸子、湖北海棠、三叶海棠、新疆野苹果、河南海棠、黄海棠和花红等。

1）山定子（右图），又名山荆子，主要分布于我国东北、华北和西北地区。山定子用作苹果砧木时，与嫁接品种亲和力好，根系发达，树体抗寒性强，耐瘠薄，但不耐盐碱，在盐碱地上易发生缺铁黄叶病。

山定子

2）楸子（右图），又名海棠果，分布于我国华北、东北、西北及长江以南各地。其根系深，须根比较发达，对土壤适应性很强，抗旱，比较抗寒，耐涝，耐盐碱，是苹果的优良砧木。

楸子

3）西府海棠，又名小果海棠，分布在河北、山东、山西、陕西、甘肃等地，如河北的八棱海棠（右图）、山东的莱芜难咽、山西的林檎等都属于西府海棠。西府海棠与苹果嫁接亲和力良好，抗旱，耐涝，耐盐碱，生长快。

八棱海棠

4）湖北海棠（右图），主要分布在湖北、云南、四川、贵州、浙江等地。根腐病、白绢病少，抗白粉病，抗棉蚜，耐涝，适应性强，但根浅，须根较少，抗旱性差。其中某些类型有无融合生殖特性，如平邑甜茶等。

湖北海棠

5）河南海棠，分布在我国中部、西部和西北部地区。山西的武乡海棠、河南的花叶海棠等都属于河南海棠。有的类型嫁接苹果后表现矮化、早实、质优，有“小脚”现象。

6）新疆野苹果（右图），又名塞威氏苹果，主要分布在新疆地区，比较抗旱、抗寒。

新疆野苹果

2. 无融合生殖实生砧

无融合生殖的苹果资源作为砧木的突出优点是砧木苗一致性强，嫁接树个体间的差异小，易繁殖。但大多无融合资源对苹果潜伏病毒敏感，导致嫁接亲和力弱。主要资源有平邑甜茶、辽砧 106 号、青砧 1 号等。

3. 营养砧

利用扦插、压条等方法培育出的砧木苗。从国外引进的品种有 M 系、MM 系、P 系、B 系、CG 系等，国内培育的品种有 S 系、SH 系等。

1）M26，为矮化砧木，易繁殖，压条生根好，繁殖率高，抗白粉病，与苹果品种嫁接亲和力强，植株生长矮化，产量高，果实品质好，但根系浅，不抗棉蚜和颈腐病，有“大脚”现象（下图），在一些地区越冬抽条严重，不宜在砂质土和贫瘠干旱地域栽植，宜作为中间砧（砧段需埋入地下）在华北地区应用。

M26

M26“大脚”现象

2）M9，为矮化砧木，生根比较困难，压条繁殖率低，与苹果嫁接有“大脚”现象，根系浅，抗旱、抗寒、耐涝和固地性均较差，树易折断和倾倒，需立支柱，但嫁接苹果后早果性很强，对结果晚的富士品种更为突出，需要比较肥沃的土壤和较好的土壤管理，在华北地区用作中间砧（砧段要埋入地下）。

3）M9-T337（右图），为矮化砧木，从 M9 中选出来的优良砧木，比 M9 矮化程度大 20%，叶片略小，易萌发二次枝，易压条繁殖，还能在春季利用硬枝进行扦插生根，苗木生长整齐。

M9-T337

4）M7，为半矮化砧，压条生根力强，繁殖系数高，适应性强，耐瘠薄，抗旱、抗寒性强，与苹果嫁接亲和力强，早实丰产，但不耐涝，易生根头癌肿病，最好用作自根砧。

5）MM106，为半矮化砧，易生根，根系发达，固地性好，适应性强，抗苹果棉蚜及病毒病，与一般苹果品种嫁接亲和性好，早果丰产，但易感白粉病，作为中间砧时矮化效应不够理想，最好用作自根砧和嫁接短枝型品种。

SH3 砧木叶片

6）SH 系，由山西省农业科学院果树研究所用国光与河南海棠进行种间杂交育成，矮化的类型有 SH38、SH40 等，半矮化的类型有 SH3（右图）、SH6 等。经在河北省试栽，SH3、SH38、SH40 等矮化性及与嫁接品种的亲和性好，并有早花、早果、果实品质好等优点，比 M9、M26 的抗逆性强，尤其抗旱性突出，也抗抽条、抗倒伏，较抗黄化，但有“小脚”现象。

B9 的花

7）B9（右图），为矮化砧，嫁接苹果后树体矮小，树冠相当于乔砧树的 45% 左右，略显“大脚”，压条生根力较差，适宜作为中间砧；抗颈腐病，对苹果棉蚜、火疫病、白粉病和黑星病敏感；抗寒，根系能耐 −13℃土温，枝条能耐 −35℃的低温；砧木段较松脆，在栽培中应注意防折损。

8）GM256（右图），为矮化砧，由吉林省农业科学院果树研究所培育，压条繁殖比较难；芽接在山定子上，嫁接亲和力强，成活率高，无假活现象；与金红、秋红、冬红、黄太平、早红等进行芽接，表现亲和，接口愈合良好；抗寒性强。枝条可耐 −42℃低温。春季无抽条现象，萌芽后，生长健壮。

GM256

梨的砧木

梨的砧木很多，一般都是利用当地野生或半栽培种。我国北方各省多用杜梨作为砧木，少量用褐梨、豆梨。辽宁、内蒙古及河北北部多用秋子梨作为砧木，湖北、湖南、江西、安徽南部、浙江、福建则多用豆梨作为砧木，云南、四川等则多用川梨作为砧木。

1. 杜梨（下左图）

与中国梨、西洋梨嫁接亲和力强，利用杜梨嫁接的梨树，生长健壮，结果早，丰产，寿命长。其根系深而发达，抗旱又耐涝，抗盐碱，在我国北方各省应用较多。

2. 豆梨

适应性强，抗旱，耐涝，耐潮湿，抗腐烂病能力强，但抗寒性、耐盐碱和耐瘠薄能力略差，适于温暖湿润气候；与砂梨和西洋梨品种的嫁接亲和力强，成活率高，生长旺盛；嫁接洋梨后可避免果实患铁头病；在我国长江以南各省区应用较多。

3. 褐梨（下右图）

适于瘠薄的山岭地区，嫁接栽培品种后树势较旺盛，产量高，但结果较晚。

杜梨

褐梨

4. 秋子梨

是梨的砧木中抗寒性最强的一种，野生种枝条能耐 −52℃低温，须根较多；嫁接的梨树树体高大，寿命长，丰产，抗腐烂病和黑星病，适宜嫁接各种东方梨品种；与西洋梨的嫁接亲和力较弱，嫁接某些西洋梨后果实易患铁头病；适于我国东北寒冷地区。

5. 砂梨

对水分的要求高，抗热、抗旱，抗寒力差，抗腐烂病能力中等，适于我国南方省区。

接穗的采集

选用健壮充实的春梢（右图），要求直径在 0.6 厘米以上，长度在 20 厘米以上，剪去上部生长过嫩和基部瘪芽部分。内膛徒长枝及生长过快的发育枝不充实，芽子发育不好，一般不用作接穗（下页图）。

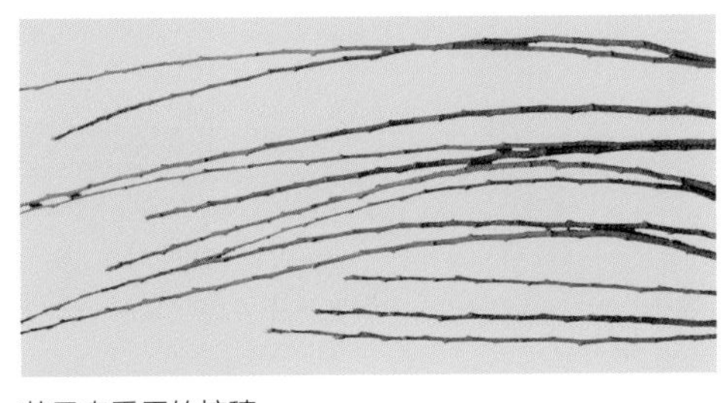

苹果春季用的接穗

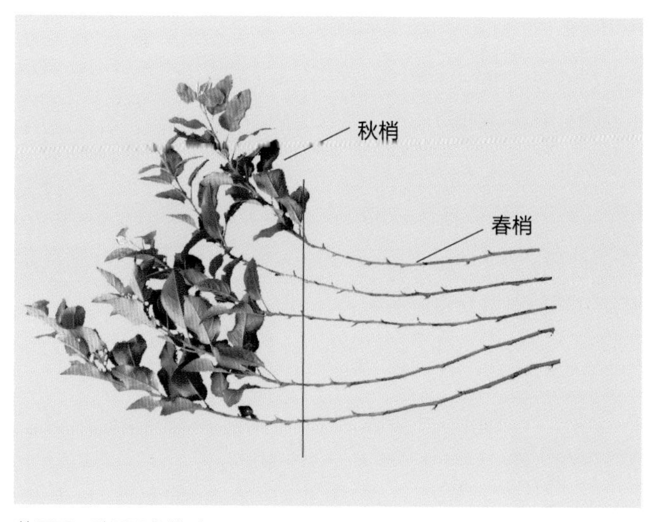

苹果夏、秋季用的接穗

梨的徒长枝与发育枝

嫁接方法

1. 培育苗木的嫁接方法

3 月上旬砧木种子播种，8 月上旬 ~9 月中旬用“丁”字形芽接或带木质芽接嫁接，10 天后检查成活情况，未成活的进行补接。第二年春季萌芽前剪砧，未成活的用单芽腹枝接、带木质芽接或劈接进行补接，砧木离皮后可以用插皮接或带木质“丁”字形芽接。采用单芽腹枝接或带木质芽接等，可用地膜包扎接口，但接芽处只缠一层地膜，接芽萌发可顶破地膜后继续生长，这样可以晚解绑，避免由于解绑过早而对苗木造成不利影响（下图）。

苹果“丁”字形芽接

苹果带木质芽接

苹果单芽腹枝接

苹果劈接

接芽顶破地膜后继续生长

培育苹果矮化中间砧苗可以用分次嫁接或分段嫁接、二重接、双芽靠接等方法。培育苹果速生苗，应在 6 月初以前进行芽接，6 月中旬前剪砧，以促使接芽萌发。

2. 高接换头的嫁接方法

多采用骨干枝高接和多头高接，一般在树液开始流动至萌芽展叶期（3 月上旬 ~4 月中旬）进行，越早越好，嫁接时间早，接穗萌发后生长快，生长量大。根据嫁接部位的直径大小选用单芽腹接、劈接、切接、搭接或嵌芽接等嫁接方法，砧木离皮后可以用插皮接或皮下腹接，在缺枝部位可以用切腹接、皮下腹接、镶接或嵌芽接等。高接换头的嫁接方法见下图。

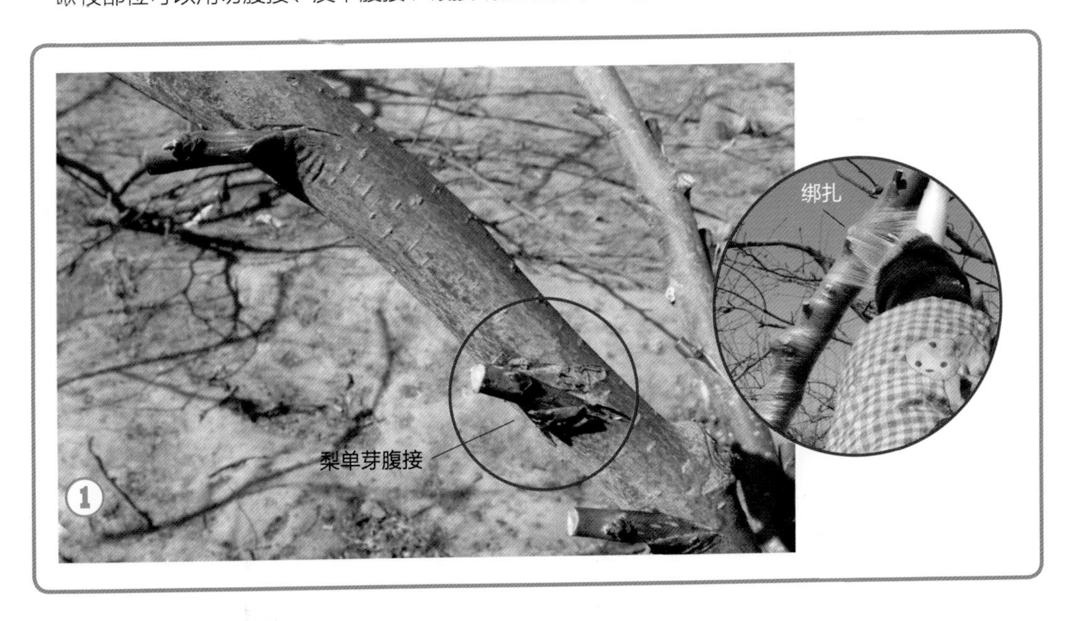

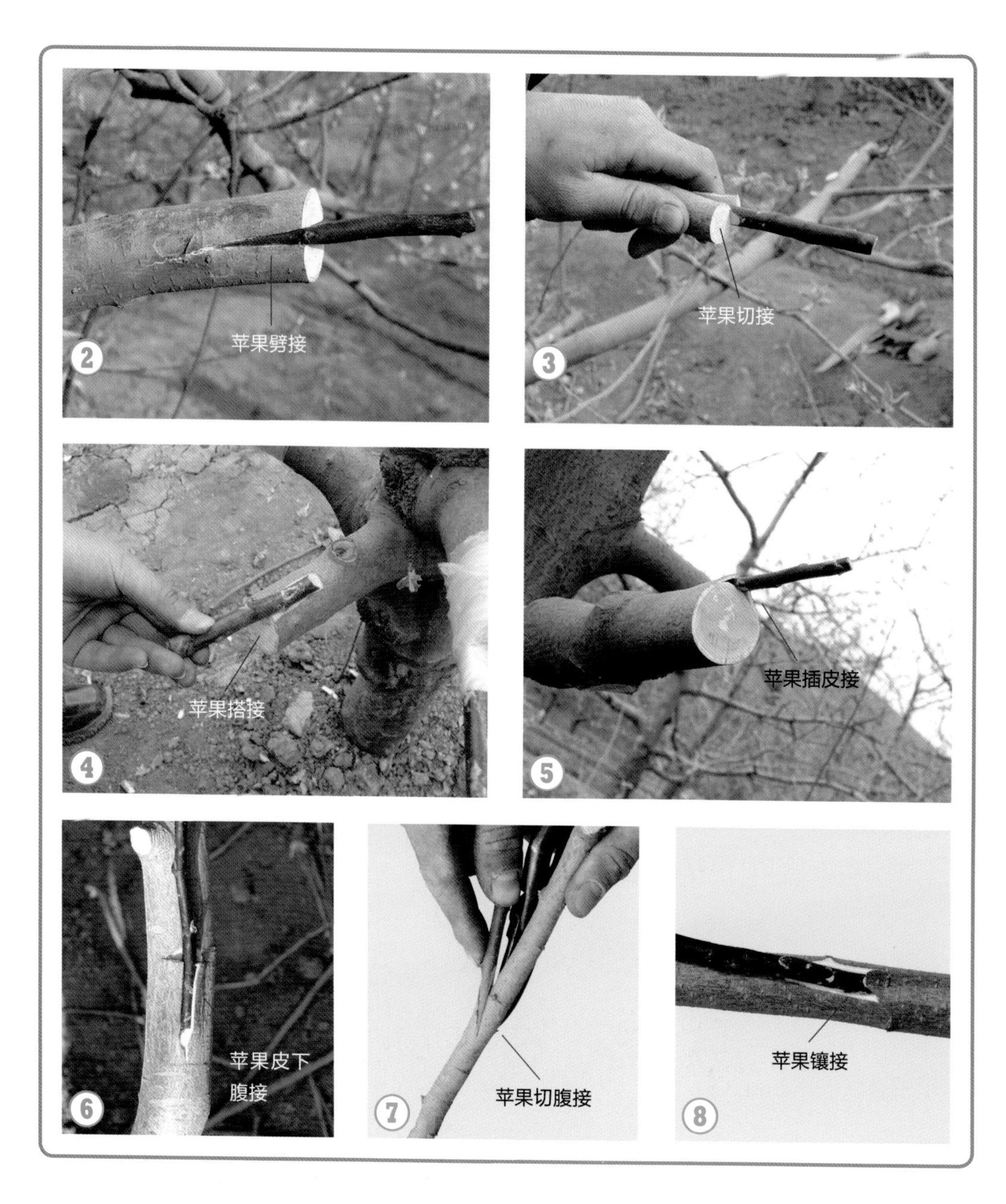

3．挽救树体的嫁接方法

由于腐烂病等造成枝干出现大伤疤时，可以用桥接法挽救。当伤疤位于根颈部位时可利用萌蘖、根或栽砧木苗桥接，当伤疤位于树干和大枝上时则进行两头桥接。当因病害及自然灾害等原因造成树体地上部全部死亡而根系存活时，可在春季进行根接换头（下页图）。

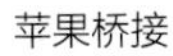
苹果桥接

苹果根接换头

嫁接过程中应注意的问题

由于梨的芽体较大、隆起，在进行“丁”字形芽接削取接芽的操作中，用刀横切中部时应略切深些，切断部分木质部，使接芽以稍带木质部为宜。

桃、杏、李、樱桃的嫁接

桃的砧木

桃的砧木有山桃、毛桃、杏和毛樱桃等，一般多用山桃或毛桃。

1. 山桃（右图）

山桃

适应性强，抗旱，抗寒，耐盐碱，与栽培桃树嫁接亲和力强，成活率高，但怕涝，积涝时易患黄叶病、根腐病和颈腐病。

2. 毛桃（右图）

毛桃

与栽培桃树相似，但果实很小，其根系分布深，寿命长，抗寒，有一定的抗旱能力，适应性广，既能适应温暖多湿的南方气候，又可在北方种植，是目前应用最普遍的砧木。用毛桃作为砧木，生长快，结果早，果实大，浆汁多，品质也好，嫁接亲和性好。但树体寿命短，不耐涝。

3. 毛樱桃（右图）

嫁接亲和性较好，根系浅，须根多。嫁接栽培品种后树冠紧凑，矮小，适于密植，结果早，果实品质好，产量较高，但易生萌蘖，有的地方有“小脚”现象。

毛樱桃

4. 中国李

根系浅，较耐湿，抗寒，嫁接亲和力中等。嫁接栽培品种后苗木生长缓慢，有矮化作用。

杏的砧木

杏的砧木有山杏、东北杏、西伯利亚杏和本砧等。也有用李、樱桃、桃、梅作为砧木的，但用桃作为砧木的杏树易患烂根病，梅与杏嫁接亲和力弱，成活率低，抗寒性也差。

1. 山杏（右图）

抗旱，忌潮湿，怕涝。山杏实生苗生长快，嫁接杏后成活率高，寿命长，对土壤适应性强，根瘤病少。

山杏

2. 东北杏

又称辽杏，主要特点为抗寒性强，可提高杏的抗旱、抗寒能力，但偶有“小脚”现象，在内蒙古、东北等地多用作杏的砧木。

3. 西伯利亚杏

又名蒙古杏，抗寒、抗旱性强，可提高杏的抗寒、抗旱能力，并有矮化现象，在河北的涞水、涿鹿和北京的密云一带被广泛用作杏的砧木。

4. 杏（本砧）

用普通杏栽培种作为杏的砧木时，种子大而饱满，出苗率较高，生长快，但变异大，苗木不整齐，根系分枝较少，对土壤适应性差，耐涝性、抗寒性差，还易发生烂根病等根部病害，开始结果和进入盛果期的时间晚，结果后树势易衰退，结果年限和寿命也相应缩短。

5. 李子

有轻度矮化作用，缺点是萌蘖较多。

6. 毛樱桃

嫁接亲和力良好，有矮化作用，但果实偏小。

李的砧木

李的砧木，在北方多用毛桃、山桃、杏或本砧，在南方习惯用桃或梅。

1. 毛桃

嫁接苗生长迅速，结果早，丰产，适合于砂质土壤栽培。但其缺点是寿命短，对低洼黏重的土壤适应性差，根头癌肿病、白纹羽病较重。

2. 山桃

较桃砧的抗寒性强，其缺点与桃砧相同。

3. 中国李（右图）

对低洼黏重的土壤适应性较强，根头癌肿病较轻，但抗旱性较弱。

中国李

4. 杏

嫁接后容易成活，生长良好，抗旱、抗寒性强，但不适合于低湿地和黏土地栽培，容易得根头癌肿病。

梅砧李树嫁接苗生长缓慢，结果较迟，但树龄较长。山杏作为李的砧木，李树生长、发育及丰产性等方面表现不良。西伯利亚杏与李嫁接亲和性很差，不宜用作李的砧木。毛樱桃、山桃和毛桃砧木耐涝性差，在低洼地李园不宜应用。

樱桃的砧木

甜樱桃砧木种类较多，主要有大青叶、马哈利、考特、吉塞拉、山樱桃、莱阳矮樱桃和北京对樱等。

1. 考特

考特根系发达，与甜樱桃嫁接亲和性极好，在我国没有矮化效果，嫁接树生长旺盛，早果性和丰产性好；抗寒性差，对根癌病敏感，在偏碱性土壤中栽培容易出现黄叶现象；分蘖和生根能力极强，易通过压条、扦插、组织培养繁殖苗木。

2. 吉塞拉

与欧洲甜樱桃品种嫁接亲和力强；对土壤适应性广，且非常适于黏重土壤栽培；抗寒性强，对根癌病有较好忍耐力，其中吉塞拉5号与吉塞拉6号表现较好，耐多种病毒病和细菌性溃疡病;嫁接甜樱桃品种后树体矮化、早结果、早丰产；对土壤肥力和水肥管理水平要求很高，管理不善时，树体易发生早衰。

3. 大青叶（大叶草樱）

乔化砧木，多采用压条繁殖，是我国土生土长的樱桃砧木，对我国的自然条件有较强的适应能力，较少感染根癌病，与甜樱桃嫁接亲和力强，生长良好；嫁接树生长旺，树体高大，进入结果期较迟，抗寒能力较差。

4. 马哈利

繁殖方式主要为种子繁殖，主根发达，侧根较少，抗旱、耐盐碱，与甜樱桃嫁接亲和性好，固地性好，对根癌病敏感，不适合于黏土地和土壤潮湿的园地栽培。

5. 山樱桃（右图）

生长健壮，经济寿命长，稳定高产，抗寒、抗旱，适应性强；缺点是有“小脚”现象，但只要在砧木近地表处嫁接就可以避免；易感染根癌病，但在酸性土壤、不易涝的地块建园可以减轻该病的发生。

山樱桃

接穗的采集

选用健壮充实的新梢（右图），剪去上部生长过嫩和基部瘪芽部分。内膛徒长枝及生长过快的发育枝不充实，芽子发育不好，一般不用作接穗。

樱桃接穗

嫁接方法

1. 培育苗木的嫁接方法

最好在8月下旬~9月中旬用“丁”字形芽接和带木质芽接法嫁接。未成活株要及时检查补接。秋季仍未成活的，可在第二年春季树液开始流动至萌芽展叶期用带木质芽接等方法补接。

桃树生长量大，6月下旬前在砧木上离地面20厘米处进行芽接。嫁接后对砧木立即重摘心，成活后在接芽上方1厘米处折伤砧木，促使接芽很快萌发，当年便可培育成高100厘米左右的速成苗。

2. 高接换头

桃、杏的伤口愈合能力差，在高接换头时，以在1年生枝上进行多头高接为宜，采用“丁”字形芽接或带木质芽接（下左图）。对高龄树进行高接换头时，先在冬、春季进行高位回缩，于第二年夏季（6月）在新梢上进行芽接。树干较细的树可通过春季发芽后根接换头的方法更新品种（下右图）。

杏带木质芽接

杏根接

嫁接过程中应注意的问题

桃若芽接过早，如在8月上旬前，此期正处于砧木快速生长阶段，嫁接处砧木的愈伤组织生长快，易包裹接芽，影响第二年萌发，因此要及早解除绑缚物或推迟到8月中旬~9月中旬芽接。杏在春季开花前1周至落花后2周嵌芽接，接后并立即剪砧成活率高。培育杏苗时嫁接部位宜高些，过低（尤其在定植时将接口埋入土中的杏树）易患颈腐病。杏的枝条皮层较薄，夏、秋季芽接时，接芽不易剥离，宜用嵌芽接。樱桃进行嵌芽接时，接芽的芽片宜厚一些（右图），太薄易伤及芽内维管组织，影响成活。

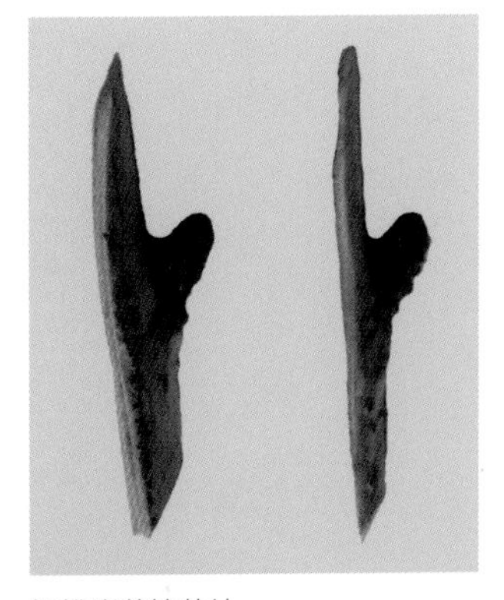

樱桃嵌芽接芽片

枣的嫁接

枣的砧木

枣的常用砧木有本砧（栽培枣）、酸枣和铜钱树。

1. 枣（本砧）

根系发达，适应性强，嫁接亲和性好。

2. 酸枣（右图）

根系发达，适应性广，抗寒，抗旱，耐瘠薄，嫁接亲和性好，在生产中应用较多。

酸枣

3. 铜钱树

分布于我国长江以南地区，适应性强，根系发达，生长快，嫁接枣树成活率高，耐湿，但不抗旱，在北方栽培时地上部易冻死，不如酸枣抗寒性强。

接穗的采集

采集的接穗母株要求无枣疯病。春季嫁接用的接穗，以1~2 年生枣头枝为好，这样的接穗嫁接后发芽快。1~3 年生健壮的二次枝也可（右图），不选内膛徒长枝。一般结合冬剪采集接穗。

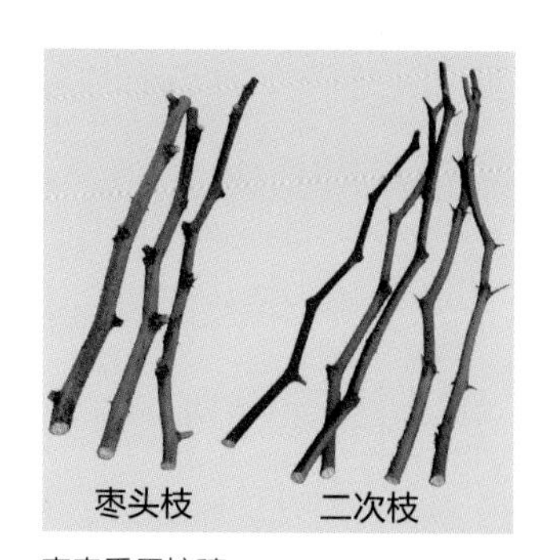

枣春季用接穗

芽接用的接穗在当年生枣头（下图）上选取，采下后立即去掉叶片，留下叶柄。

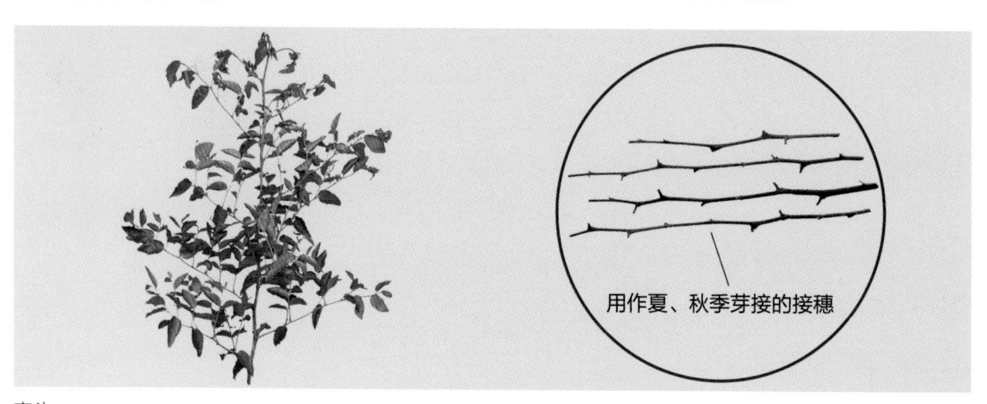

枣头

嫁接方法

1. 培育苗木的嫁接方法

春季发芽前2~3周，砧苗处于休眠末期，不离皮，宜采用切腹接、切接和劈接（右图）。发芽后3~4周和6月下旬~7月砧木离皮期间，可在直径为3~4毫米（较细）的枣头上选取接穗进行带木质“丁”字形芽接。带木质“丁”字形芽接切削接芽时从芽下1.5厘米处向上斜削，再在芽上方0.2厘米处横切一刀，深0.2~0.3厘米，取下长约2厘米、宽0.6~0.8厘米带木质部的芽片，砧木的切削等操作同“丁”字形芽接（下图）。

枣切腹接

枣劈接

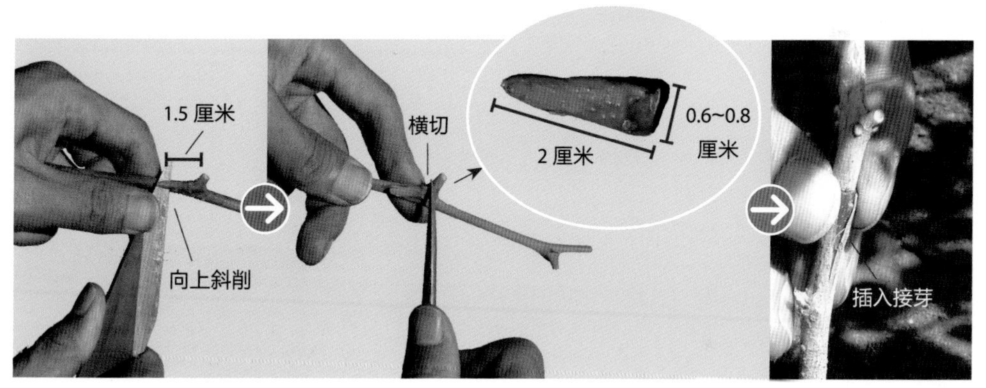

枣带木质“丁”字形芽接

在发芽期至7~8月，皮层处于离皮状态，是插皮接（右①图）和舌接的时期。5月底~7月初可以利用半木质化的枝作为接穗进行“丁”字形嫩枝接，即拉栓接（右②图）。8月下旬~9月下旬为枣缓慢生长季节，皮层不易剥离，适宜采用距地面30厘米左右较高部位的舌接。

枣插皮接

枣“丁”字形嫩枝接

酸枣改接大枣

2. 酸枣改接大枣

丘陵山地可利用野生酸枣作为砧木，嫁接优良枣品种（右图），嫁接时间为春末夏初，嫁接方法可采用劈接、切接、切腹接和插皮接等。

嫁接过程中应注意的问题

在嫁接前 1 周，给砧木施肥浇水 1 次，同时将砧木基部的二次枝及多余的根蘖去掉。

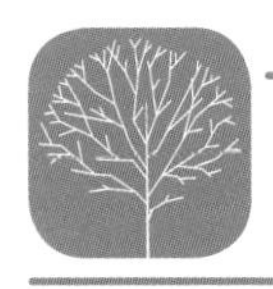

葡萄的嫁接

葡萄的砧木

葡萄的砧木多用适应性强、与栽培品种嫁接亲和性好的栽培葡萄品种，或将野生资源用扦插法繁殖，然后再在其上嫁接栽培品种。

山葡萄

1. 山葡萄（右图）

极抗寒，扦插较难生根，需用生根素进行处理，嫁接亲和性好，主要应用于东北地区。

2. 贝达

抗寒，结果早，扦插易生根，嫁接亲和性良好，在东北、河北、山东等地应用较多。还可利用当地适应性强的栽培品种作为砧木，如北醇、巨峰、龙眼、玫瑰香等。

接穗的采集

硬枝嫁接选用成熟良好的节间短、节部膨大、粗壮、较圆的 1 年生枝蔓作为接穗（下页左图），直径以 0.5~1.5 厘米为宜。要求枝蔓髓心小，不超过枝条横截面的 1/3，横隔为绿色，且表现出品种特有的色泽。

嫩枝嫁接选用半木质化的新梢（或副梢）作为接穗。在新梢或副梢上，选取从幼叶直径为成龄叶直径的 1/3 处至近成龄叶这段半木质化的新梢枝段（下页右图）。枝条不能过嫩，以能削成楔形并顺利插入砧木为宜，也不能成熟过老，以削面髓心略见一点白，其余部分呈鲜绿色，木质部和皮层界线很难分清为好。若木质部呈白色，可明显分清白色的木质部和绿色的皮层，表明其半木质化稍过，不宜用作嫩枝嫁接接穗，但可用作芽接接穗。

葡萄硬枝嫁接接穗

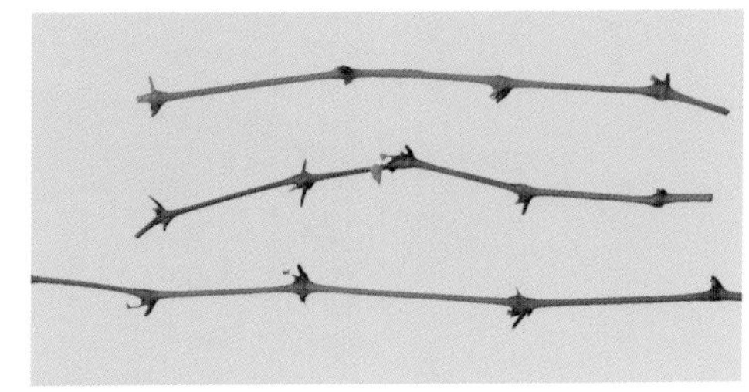

葡萄嫩枝嫁接接穗

芽接接穗选用着生较小副梢的节位上的芽子，以免芽片上有较大的孔洞，影响成活。采下的接穗只留 1.5 厘米长的叶柄，并在清水中浸泡 1 小时，以利于取芽。

采集接穗前 5~7 天需将接穗新梢先端的小嫩尖轻轻打去，以促进嫩梢的半木质化。

嫁接方法

1. 室内嫁接

葡萄在春季伤流严重（下左图），嫁接时要避开伤流的时期或采取避免伤流的措施。冬季进行室内嫁接，多采用舌接法，即将接穗和砧木截成有 2~3 个芽的枝段，嫁接在一起（下右图）；或者采用带根的砧木苗进行嫁接，然后置于 20~25℃温室或温床上进行加温处理，以促使接口愈合和砧木生根。

葡萄在春季发生伤流

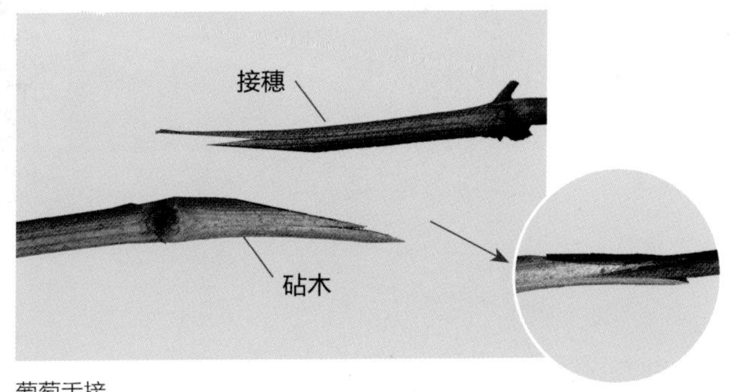

葡萄舌接

2. 根接换头

春季在葡萄苗木出土前，一般为 3 月中旬 ~4 月上旬，嫁接方法多采用劈接（下页图）。嫁接时，先将根颈部周围的土扒开，将地上部从根颈部位剪除。接好后用塑料绳或麻绳在嫁接部位绑紧，以使砧穗接合牢固。为了避免伤流的影响，接口不要包严，应在其下部留有空隙，用柔软的卫生纸包扎嫁接口和接穗。

葡萄劈接

然后埋土、铺膜，露出接芽（下左图）。5~6月解除绑缚物，再次用土埋好，并立支柱，进行主、副梢摘心，去卷须（下右图）。

埋土、铺膜

引缚、主副梢摘心、去卷须

3. 葡萄嫩枝嫁接

多采用嫩枝劈接。嫩枝嫁接的最适温度为 15~20℃，在砧木和接穗均稍木质化或半木质化时进行，一般为 5 月中旬 ~7 月上旬，最适期在葡萄开花前半个月至花期，这时正处于新梢第一次生长高峰期，也是新梢生长最活跃的时期（右图），过早气温低，过晚嫁接萌发的新梢成熟度不够，影响越冬。

葡萄嫩枝嫁接成活后

嫁接时，将作为接穗的新梢在每一节上方2厘米处断开，放在盛有凉水的盆中，然后用嫩枝劈接嫁接。包扎时将塑料布绑条从砧木切口最下端开始缠绑，由下往上缠绕，至接口时继续向上，绕过接芽直到接穗上剪口，将上剪口包严后再反转向下，在叶柄上打结，只将叶柄、接芽裸露，其余部分全部用塑料布绑条包严（右图），成活后叶柄脱落而自动解绑。或者将接口绑紧，然后套上一个塑料袋。套袋法特别适于接穗较嫩而不易包扎时，还可以提高接口温度。

葡萄嫩枝嫁接绑扎

嫁接过程中应注意的问题

葡萄枝条的横截面不是圆的，而是略呈方形，有4个面，即背面、腹面、沟面和平面（右图），有平面的横极性和斜面的先端性。无论砧木还是接穗，它们的顶端或基端在断面的不同部位愈合组织的形成过程都各异。如果断面与枝条垂直而不具有倾斜的角度，在断面的腹面最先发生愈合组织，其次顺序为背面、平面与沟面，这就是平面的横极性。因为腹面组织发达，含营养物质较多，所以形成愈合组织也快。嫁接时要注意枝条的极性，切削斜面的尖端以位于枝条腹面为好，另外砧穗接合部位也宜置于枝条腹面。

葡萄枝条的横截面

葡萄嫩枝嫁接前3~5天对砧木新梢进行摘心，以促进嫩梢的半木质化；嫁接前2~3天给砧木灌足水，嫁接后还需灌透水1次，并及时除掉萌蘖。

柿的嫁接

柿的砧木

柿的常用砧木有君迁子、野柿、油柿等。

1. 君迁子（右图）

君迁子又叫黑枣，是应用较广的柿树砧木，根系发达但分布较浅，适应性强，耐瘠薄，较抗寒，生长快，结果早，与柿树嫁接亲和性良好，但多数与富有、次郎柿嫁接亲和性较差。

君迁子

2. 野柿（山柿）

分布于我国中南部地区，种子发芽率稍低，幼苗初期生长较差，与柿树各品种的嫁接亲和性良好，但嫁接后苗木生长缓慢。主根发达，侧根少，根系较深，能耐湿，也抗旱，适于在温暖多雨地区栽培。

3. 油柿

为柿树的矮化砧木，在我国南部地区多用此种。嫁接后树体矮化，结果早。

接穗的采集

枝接的接穗（下左图）在落叶后到萌芽前采集，应选择生长充实粗壮的发育枝。春季芽接的接穗（下中图）应选择生长健壮的 1 年生枝条中下部未萌发的饱满芽。夏、秋季芽接用的接穗选用芽体发育充实的发育枝或结果枝。结果枝要选用中上部的芽，中部叶腋间一般为果台，节上无芽（下右图）不能作为接穗。接穗随接随采，不可久贮。

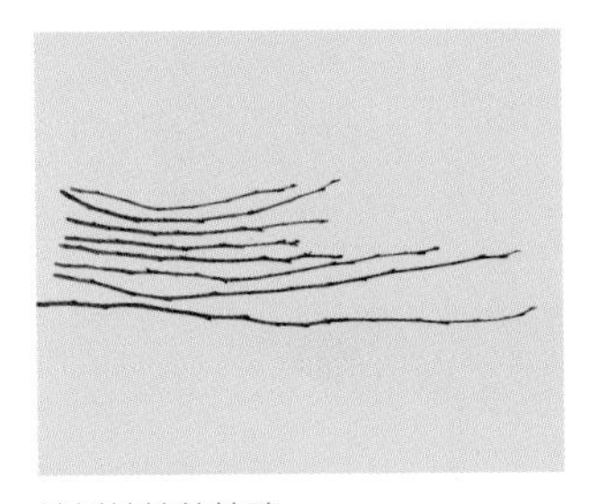

柿树枝接的接穗

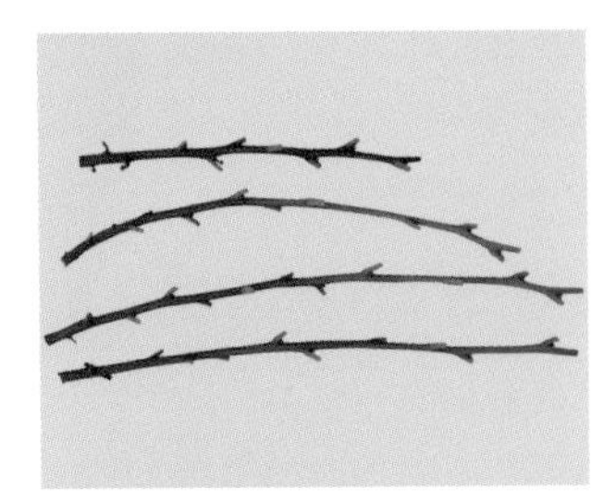

柿树夏季芽接的接穗

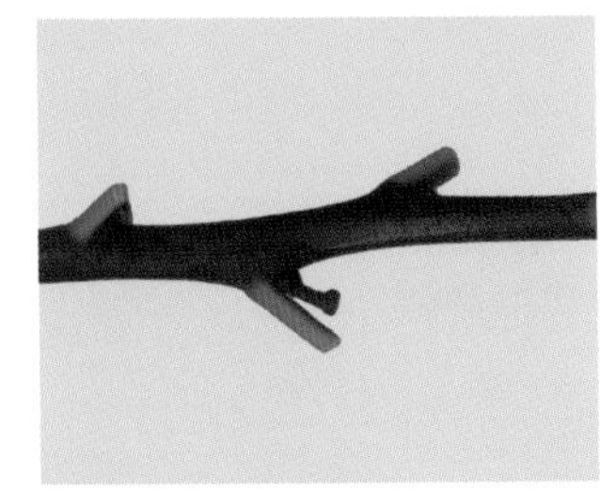

枝条结果部位无芽

嫁接方法

柿树插皮接成活状态

枝接于春季砧木芽已萌发一直到砧木展叶期都可进行，以花期嫁接成活率最高，一般在3月下旬进行单芽腹枝接、劈接、切接、切腹接等。4月下旬~5月上旬砧木离皮时进行插皮接（右图）。柿树开花时（5月上中旬~6月中旬，利用1年生枝条中下部未萌发的芽）和夏、秋季（7~8月，利用当年新梢上的芽）进行芽接，以新梢接近停止生长时嫁接成活率最高，可采用方块芽接、套芽接、“丁”字形芽接、带木质芽接等方法。

嫁接过程中应注意的问题

与其他果树相比，柿树嫁接的要求更严格。

1）嫁接时一定要选择晴天，在9:00~16:00嫁接成活率较高。注意把接芽接到阳面，不要在阴雨天或早晨露水未干时嫁接。

2）由于砧木和柿树均含有大量单宁，切面极易氧化形成黑色的隔离层，阻碍愈合，影响成活。为此，嫁接时芽接刀要锋利，尽量加快切砧木、削接穗和绑缚的速度，接口绑缚要严紧，随时用干净布擦净刀片。

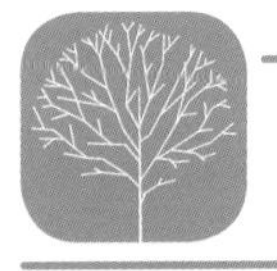

板栗的嫁接

板栗的砧木

实生板栗

用作板栗的砧木有本砧、野板栗等。锥栗、茅栗与板栗的嫁接亲和力弱，成活率低，不宜在生产上应用。

1. 实生板栗（本砧，见右图）

其特点是嫁接亲和力强，生长旺盛，根系发育好，较抗旱和耐瘠薄，也抗根头癌肿病。缺点是耐涝性较差。

2. 野板栗

是板栗的原生种，分布在长江流域的低山丘陵地区。传统上用野板栗就地嫁接板栗，亲和力强，树冠矮化，适于密植。缺点是树势易衰弱，寿命较短，单株产量较低。

接穗的采集

接穗以选择生长充实、顶侧芽饱满的结果母枝最好，发育枝次之，徒长枝最差（下左图）。结果母枝要选用枝的上部，因其中间部分为盲节，下部芽发育不充实（下右图）。

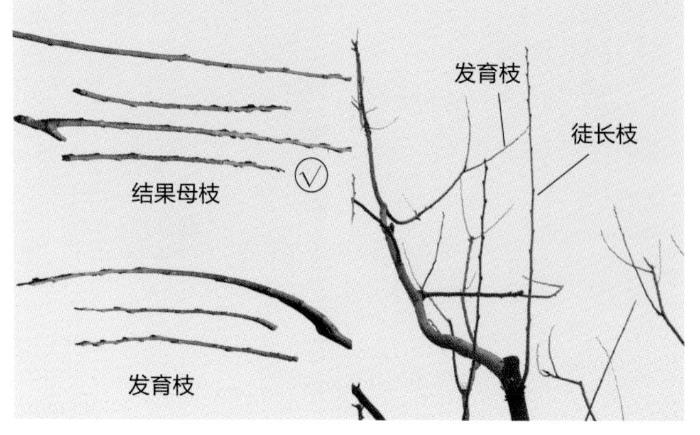

板栗接穗

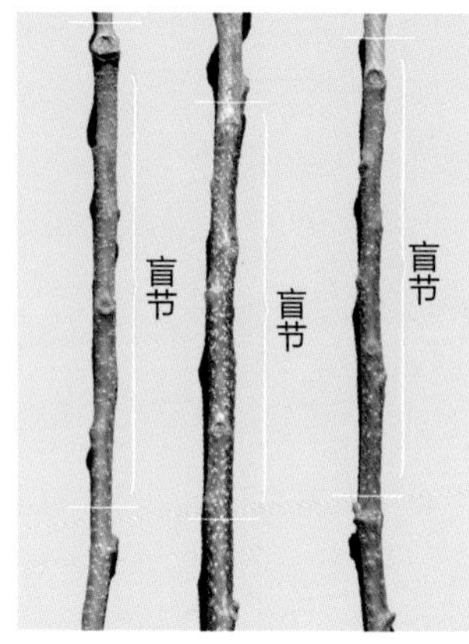

板栗结果母枝的盲节

嫁接方法

1. 常用嫁接方法

3 月下旬 ~5 月上旬砧木树液开始流动至发芽、展叶后树皮易剥开时采用插皮接、插皮舌接、切腹接、舌接、切接、皮下腹接、带木质“丁”字形芽接等（下图）。其中以发芽前 10 天至发芽后 5 天内嫁接成活率最高。双舌接适用于较细的砧木，插皮接、切腹接适用于较粗的砧木和高接换头。

芽接宜在 8 月上旬 ~9 月下旬进行，此时接芽已发育充实，可采用方块芽接、带木质芽接或“丁”字形芽接。

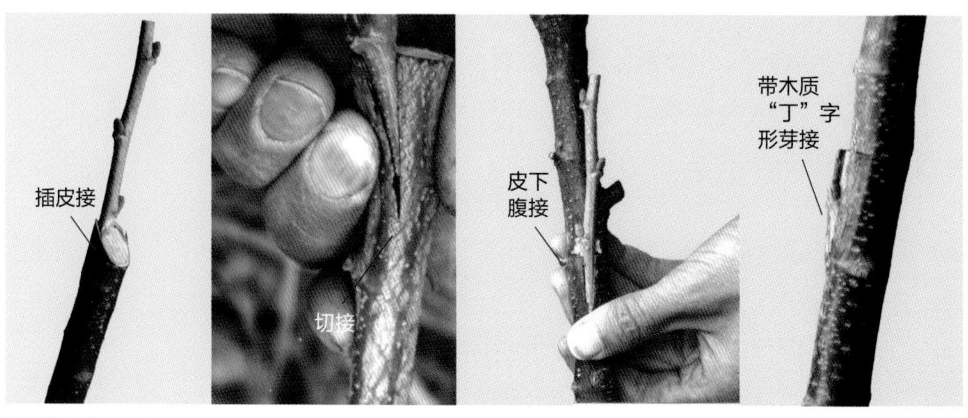

板栗常用嫁接方法

2. 板栗倒置嫁接高接换头技术

倒置嫁接后枝条生长状态

其优点是简便易行，节省了嫁接用工，无须解绑，防止了接后劈折；管理省工，省去了摘心、拉枝、刻芽等一系列技术操作；嫁接后枝条角度开张（右图），能改善光照，缓和树势，解决了树体旺长问题，第二年即可丰产；使纺锤形树体结构迅速形成，适应于株行距为 2 米 ×3 米密植园的改造。板栗倒置嫁接高接换头的具体方法如下。

1）砧木的选择与处理（右下图）。选择生长健壮、直径在 5 厘米以上、高度约 3 米（2 米处直径需在 3 厘米以上）、嫁接亲和性好、无病害的板栗植株作为砧木，其中最直、最粗的枝条作为主干进行高接换头，主干选留 2 米以上；疏除其上全部枝条。

砧木处理

2）砧木的切削。在砧木光滑处横割一刀，深达木质部；在横切口下端 2~4 厘米处，用嫁接刀向上削 1 个月牙形削面，上至横切口；用嫁接刀从横切口上方 3~5 厘米处。向下划一刀，至横切口，形成倒“丁”字形切口（下左图）。

3）砧木的绑扎。用宽 6 厘米左右的塑料布绑条，从横切口上方 15 厘米处自上而下缠绕 4~5 圈，包扎紧密，不露伤口。

4）接穗的切削。用嫁接刀将板栗接穗下面削成长为 8~10 厘米的长斜面；在两侧各削去 1/4 厚度，使背面变窄，这将有利于插入砧木后，减少砧木翘起、干枯，促进伤口愈合；在长斜面背面削一刀，削成 1 厘米左右的斜尖，有利丁接穗顺利插入砧木（下中图）。

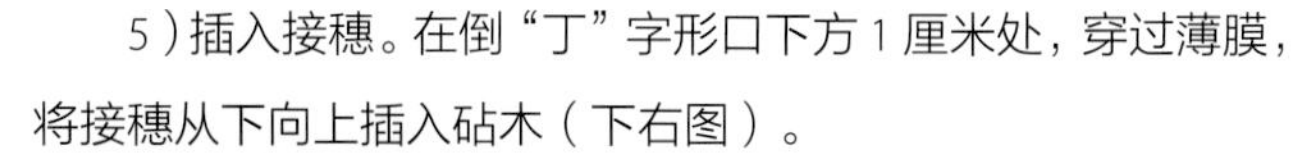

5）插入接穗。在倒“丁”字形口下方 1 厘米处，穿过薄膜，将接穗从下向上插入砧木（下右图）。

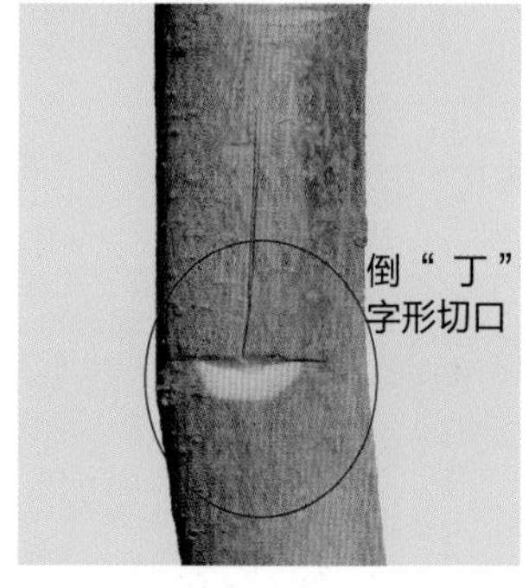

砧木

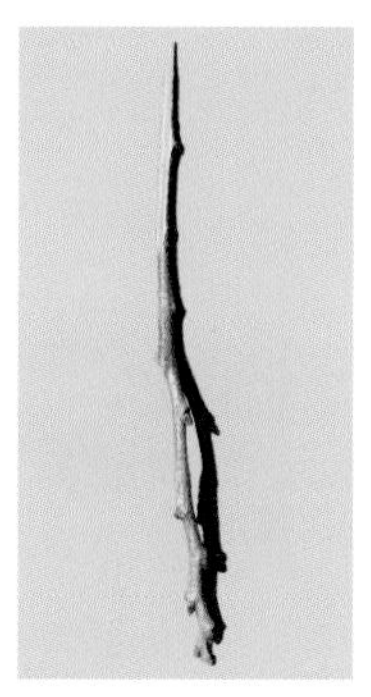
接穗

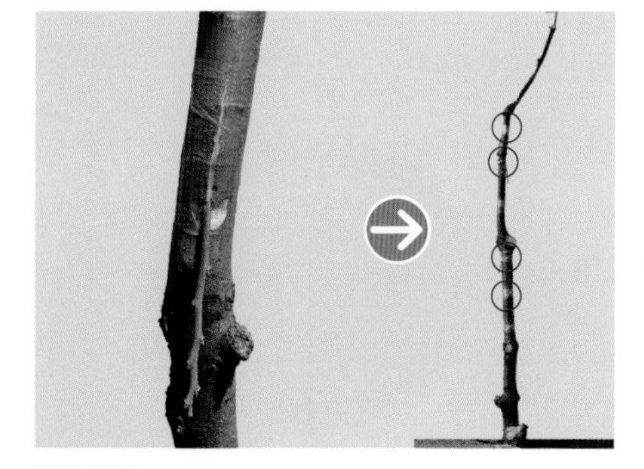
插入接穗

6）嫁接后的管理。接穗萌发后，不用解开绑条（右①图）；8 月上旬，对直立生长的长梢进行轻微拧伤处理，注意不要把枝条拧折。板栗倒置嫁接之后第二年（右②图）生长势缓和即可开花结果。

倒置嫁接后萌芽状态

倒置嫁接后第二年春季状态

注 意

采用板栗倒置嫁接技术时，应注意以下几点。

① **多缠绑条。**将接穗插入砧木后，砧木表皮因撑入接穗而裂开；在实际生产上，往往几个小时后，这个裂开会继续向上延长。为避免绑条绑缚不足而出现漏风现象，在缠绑条时，根据插入的接穗情况，务必在“丁”字口上方缠足绑条（一般长 15 厘米左右）。

② **顶端留枝。**倒置嫁接时，枝干顶端因为树液不流动而易枯死。在嫁接成活后、抹除萌蘖时，可在枝干顶端保留 1 个萌蘖，培养成 1 个壮枝，以促进树液流动，避免枝干顶端死亡；同时，可抑制下部倒置嫁接的新梢疯长，有利于控制树冠，促进丰产。在第二年及以后的管理过程中，每年对这个壮枝进行控旺修剪，避免影响下部生长即可。

③ **顶端不要正置嫁接新的枝条。**这是因为，若管理不到位，枝条极易被风刮折（右图），造成不必要的损失，而且正置嫁接和倒置嫁接同在一株树上，将严重影响倒置嫁接的正常生长。

板栗嫁接后被风刮折

嫁接过程中应注意的问题

板栗嫁接不易成活，主要原因是枝条内含有大量的单宁物质，而且嫁接时要选择适宜的时期。板栗的枝条具有 5 个凹沟、5 个平面（下左图），凹沟内集中有维管束，当剥开树皮时枝条木质部有明显的凹沟（下右图），芽接时要选在平面处或用替芽接法。

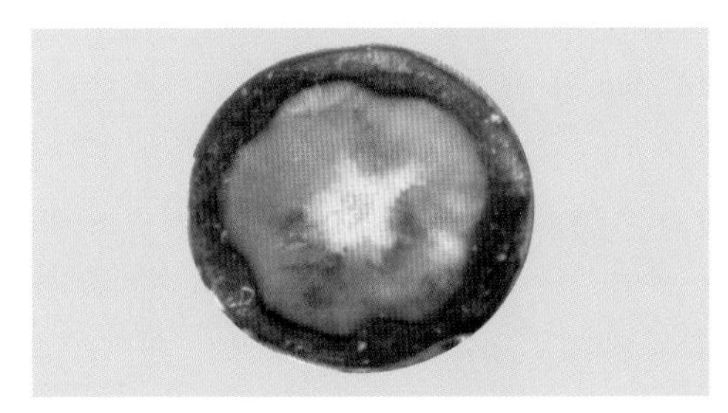

板栗枝条横截面

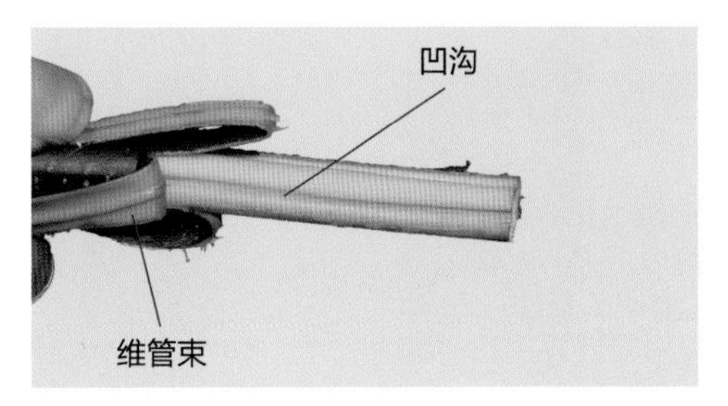

板栗枝条凹沟

核桃的嫁接

核桃的砧木

核桃的砧木有实生核桃、核桃楸、野核桃、枫杨等。

1. 实生核桃（右图）

嫁接亲和性好，不耐盐碱，喜肥水充足的深厚土壤。

实生核桃

2. 核桃楸（右图）

生长旺盛，抗寒能力强，抗旱，适应性强，嫁接亲和性好 。适合我国北部寒冷地区栽培。

3. 野核桃

适于我国温暖多湿地区栽培。

核桃楸

接穗的采集

1. 核桃枝接接穗的采集

剪取生长发育健壮的发育枝（下图），接穗要粗壮光滑，髓心小。雄花枝和树冠内膛的细弱枝、徒长枝，都不能作为接穗用。

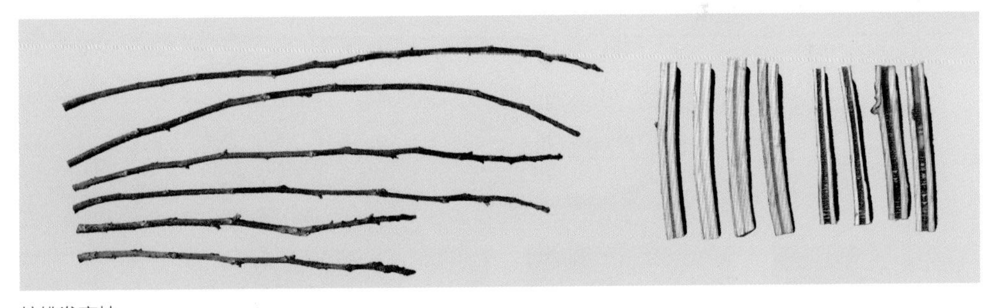

核桃发育枝

2. 核桃芽接接穗的采集

选择平直、光滑、芽体饱满、叶柄基部隆起小、直径在 1.0~1.5 厘米的当年生健壮发育枝或长果枝作为接穗，采集后立即剪去复叶，叶柄保留 1~2 厘米。接穗中、下部充实饱满的芽可用作接芽（下页图），而上部的芽叶痕凸起，芽片内部凹沟过深，不易与砧木密接，所以不宜用作“丁”字形芽接、方块芽接的接穗。

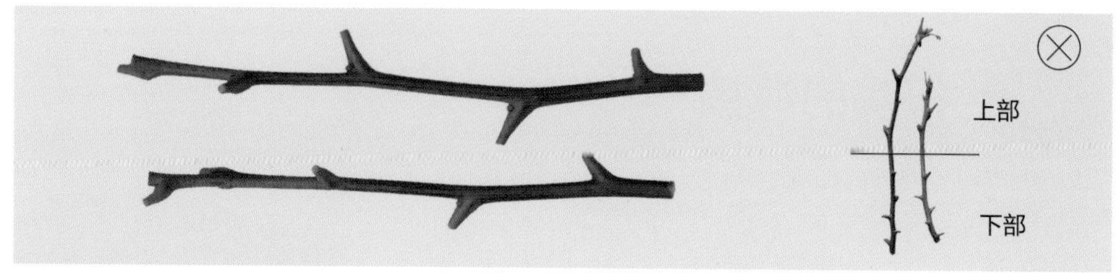

核桃芽接接穗

嫁接方法

常用的嫁接方法有插皮舌接、插皮接、方块形芽接等。

1. 插皮舌接

在春季砧木和接穗均离皮后进行。将砧木在欲嫁接部位截断，将截面削平，然后将蜡封好的接穗下端削 1 个大削面（刀口一开始要向下切凹，并超过髓心部，然后斜削），长 6~8 厘米，每个接穗保留 2~3 个芽，将削面顶端捏开，使皮层与木质部剥离。在砧木截面上选择树干光滑的一面，切 1 个宽 0.8~1 厘米、长 5~7 厘米的月牙，并将砧木皮层上的粗皮轻轻削去，露出绿皮。再把接穗的木质部插入砧木的木质部与皮层之间，使接穗的皮层紧贴在砧木皮层外面的削面上。包扎方法有 2 种：一种是用加厚地膜由下至上包扎，直至缠到接穗顶部；另一种是用地膜包扎后，用废报纸呈筒状套在砧穗上，下部扎紧，筒长超过接穗 5~10 厘米，然后在筒内装入湿土，轻轻捣实，土的高度超过接穗 3~5 厘米，湿度以手捏成团、放手即松散为宜，最后将上部扎紧，套上塑料袋（下图）。

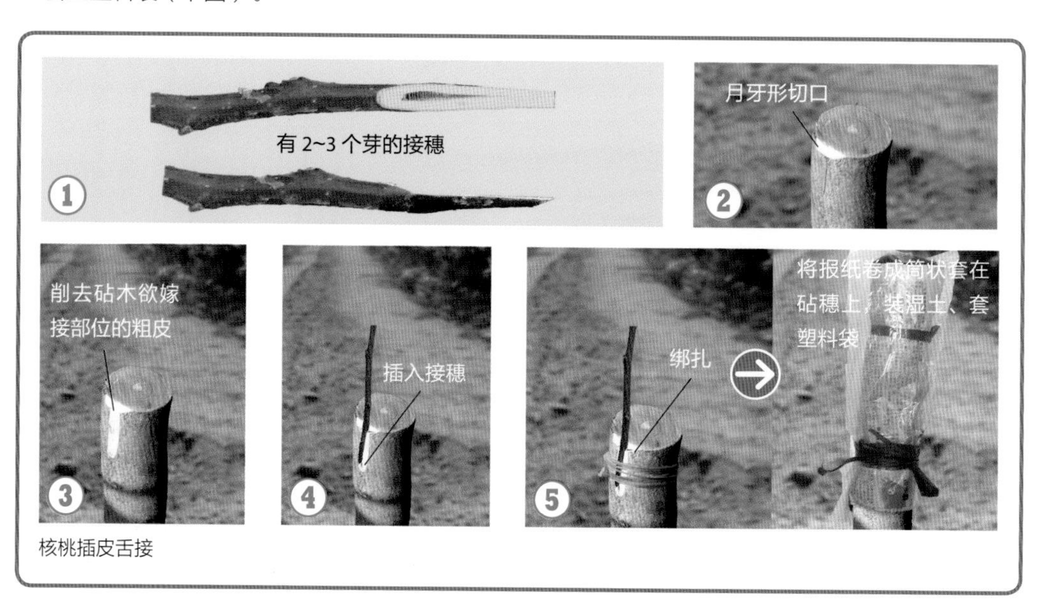

核桃插皮舌接

2．方块形芽接

嫁接前需要对砧木进行预处理，树龄不同，处理方法不同。2年生以下的树于春季萌芽前，在主干上离地面30~40厘米处截断，萌芽后留2~3个新梢，其余抹去；3年生以上的树于春季萌芽前15天内，按照预定培养树形，除中心干外，将要保留的主枝剪留8~10厘米，萌芽后每个主枝留1个新梢，将最上层主枝以上的中心干剪留15~20厘米，萌芽后保留2个新梢。

1）嫁接时间。最佳嫁接时期为气温稳定在25~28℃时，一般在5月中旬~6月下旬。

2）取接芽。其方法如下图所示。

在采好的接穗上选择充实、饱满的芽体，用刀在叶柄基部平切叶柄（1/3 深度）

掰掉叶柄

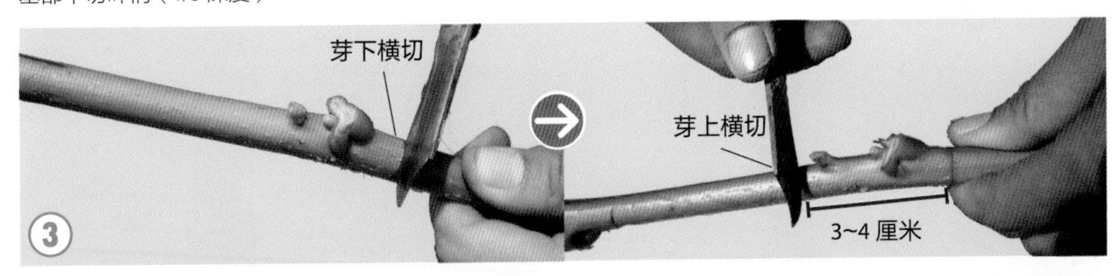

在芽体的下、上各横切一刀，间距 3~4 厘米

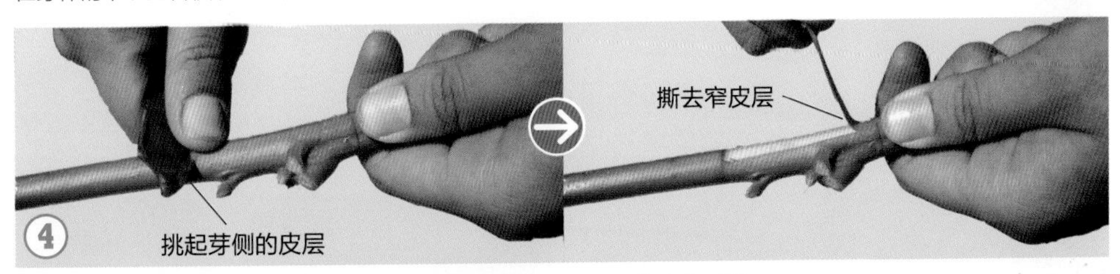

在芽体右侧上方横切口处用刀挑起约 2 毫米宽的皮层，用刀与手指夹住后撕下

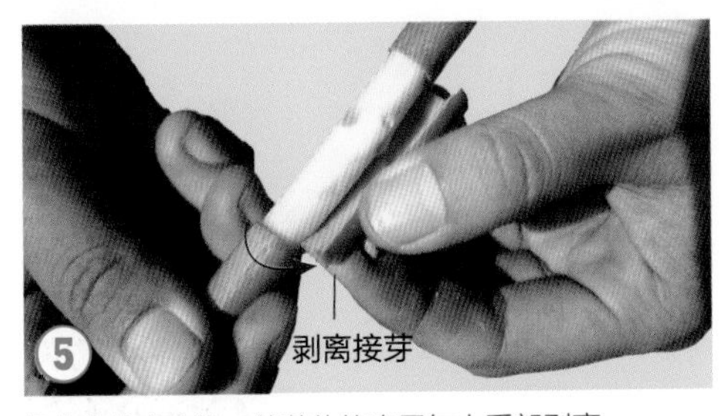

捏住芽体向左推，使芽体的皮层与木质部剥离

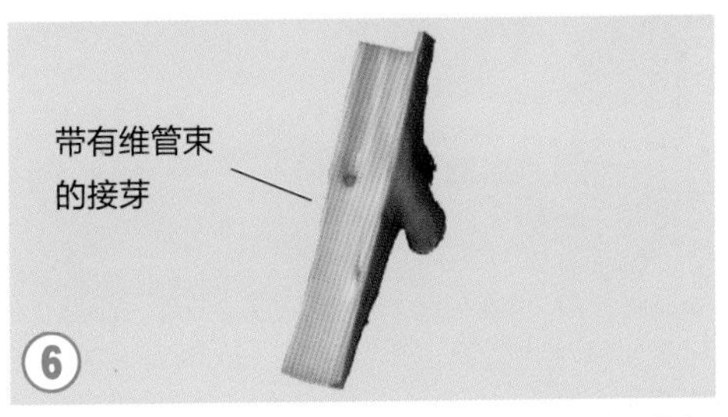

剥离芽体后撕下一方块形的接芽，取下的接芽要带有维管束

3）开切口。其方法见下图。

在砧木当年生的新梢上选光滑的部位，先在下面横切一刀

以取下的接芽块作为尺子，靠在砧木上，上端与砧木的横切口对齐，下端再横切一刀

在上部横切刀口一端向下再纵切一刀，长度超过下部横切口 2 厘米左右，开出与接芽同长的半“工”字形切口

4）嫁接与绑扎。其方法见下图。

挑开砧木皮层

将接芽嵌入其中

撕掉多余的砧木皮层

用塑料布绑条将接口包严，使接芽贴紧砧木。动作要快，尽量缩短接芽在空气中的暴露时间

5）剪砧木。在接芽上部保留 2~3 片复叶，剪除砧木上部其余枝叶，并将剩余部分叶腋内的新梢和冬芽全部抹掉（右图）。

剪砧木

6）嫁接后的管理。嫁接后 15~20 天，接芽开始萌发，要及时解绑，以利于接芽生长。当接芽新梢长到 30 厘米左右且有 4~5 片复叶时，将砧木从接芽以上全部剪掉。此后，要及时抹除从砧木上萌发的大量新芽。当接芽新梢长到 40~50 厘米时，及时立支柱固定，以防风折。

嫁接过程中应注意的问题

核桃的嫁接成活率较低，其原因是核桃的枝条髓心大，叶痕凸起（下左图），取芽困难；芽内维管束（下右图）容易脱落；枝条的形成层薄，韧皮部与木质部分离时形成层细胞多附在韧皮部上；树体内单宁含量高，切面易氧化而形成隔层；愈伤组织生长慢；具有伤流的特点，在休眠期更为严重。为此，在嫁接时应注意以下问题。

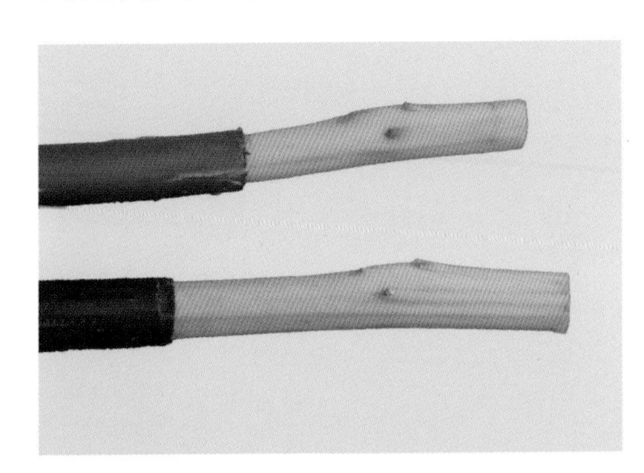
核桃叶痕凸起

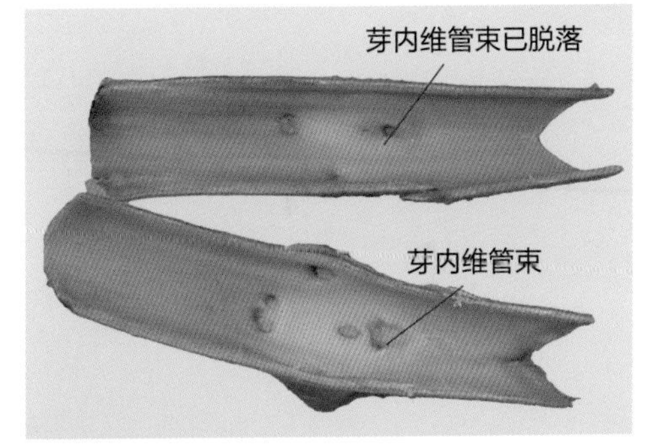

核桃芽内维管束

1. 选择适宜的接穗采集时期

核桃接穗的采集时期，因嫁接方法不同而异。硬枝嫁接所用的接穗，从核桃落叶后到第二年春季萌芽前均可采集。因各个地区气候条件不同，采集的具体时间也有所不同，冬季抽条严重和冬季及早春枝条易受冻害的地区，应在秋末冬初采穗；冬季抽条和寒害轻微地区，可在春季萌芽前采集。芽接所用接穗多在夏季随用随采，如需短暂贮藏或运输时应采取保护措施，但贮藏时间一般不超过 5 天。贮藏时间越长，嫁接成活率越低。

2. 选择适宜的嫁接时期

在土壤解冻，砧木根系开始活动后，核桃的伤流严重，会影响愈伤组织的形成，此时进行嫁接很难成活。因此，应当在伤流很少或无伤流的时期嫁接。一般砧木在萌芽展叶之后的旺盛生长期，伤流较少，形成层活跃，生理活动旺盛，有利于伤口愈合。根据这个特点，枝接多在萌芽展叶期（4 月下旬 ~5 月上旬）进行。

3. 引导伤流

根据砧木的直径大小，在其基部周围刻 2~3 刀，深达木质部，使伤流从刀口流出（右图）。

核桃接口下刻伤放水

4. 削面

嫁接时削面要平滑，操作要快，包扎要严密。

参考文献

[1] 郗荣庭 . 果树栽培学总论 [M].3 版 . 北京：中国农业出版社，2009.

[2] 曲波，张春宇 . 植物学 [M]. 北京：高等教育出版社，2011.

[3] 石海强，杜纪壮 . 苹果优良品种与配套栽培技术 [M]. 北京：金盾出版社，2017.

[4] 陈国华 . 提高夏季嫩枝嫁接成活率的措施 [J]. 果树实用技术与信息，1996（5）：41-42.

[5] 牛雅琼 . 李子嫩枝嫁接技术 [J]. 山西果树，2014（4）：51-52.

[6] 郭建侠，姚小强，曹文辉，等 . 苹果树腐烂病疤的桥接防治技术 [J]. 现代农业研究，2019（10）：95-96.

[7] 陈爱华 . 北方果树嫁接影响因素及后期管理 [J]. 新农业，2019（15）：34-35.

[8] 江秀莲 . 影响苗木嫁接成活的因素及提高嫁接成活率的措施 [J]. 农村实用技术，2019（11）：35-36.

[9] 张占全 . 提高杏树嫁接成活率的技术要点 [J]. 农业工程技术，2018（26）：25-26.

[10] 闫弯弯，张晓娜，周瑞金，等 . 果树无融合生殖研究进展 [J]. 河南科技学院学报（自然科学版），2018（3）：1-7.

[11] 宋宪军，唐付霞，王晓丽，等 . 枣树接穗采集及蜡封储藏技术 [J]. 烟台果树，2015（2）：54-55.

[12] 孙书静 . 苹果高接换头新技术 [J]. 烟台果树，2017（1）：38-39.

[13] 陈小凤，郭海鹏 . 核桃的芽接与枝接技术 [J]. 西北园艺　果树，2013（4）：30-31.

[14] 赫飞，李贵成，代成功，等 . 板栗嫁接接穗采集与封蜡 [J]. 新农业，2006（1）：51.

[15] 张茂华，顾明香，郑瑞华，等 . 梨树品种改良中几种嫁接方法的比较 [J]. 山东林业科技，2018（5）：50-51.

[16] 卢磊，杨一帆，刘英 . 苹果无融合生殖砧木研究现状及其在伊犁河谷的应用前景分析 [J]. 农业与技术，2016（22）：142.

[17] 沙广利，郝玉金，万述伟，等 . 苹果砧木种类及应用进展 [J]. 落叶果树，2015（3）：2-6.

[18] 杨锋，刘志，伊凯，等 . 苹果无融合生殖半矮化砧木'辽砧 106'的选育 [J]. 果树学报，2017（3）：379-382.

[19] 安淼，韩雪平，薛晓敏，等 .'GM256'和'辽砧 2 号'作中间砧的'寒富'苹果生产比较试验 [J]. 中国果树，2017（4）：11-13.

[20] 于福顺，焦功强，刘方新，等 . 甜樱桃砧木的应用现状及展望 [J]. 北方果树，2018（6）：45-47.

[21] 李新生 . 几种樱桃砧木的特点介绍 [J]. 山西果树，2014（3）：25-26.

[22] 于福顺，姜林，刘方新，等 . 甜樱桃砧木的利用与发展建议 [J]. 果树学报，2014（S1）：18-21.

[23] 赵艳华，程和禾，陈龙，等 . 几种甜樱桃砧木在河北的引进与观察 [J]. 河北果树，2014（4）：24，27.

[24] 聂利胜 . 枣树嫁接及栽培管理技术要点 [J]. 山西果树，2016（6）：54-55.

[25] 李爱芳，张继蕊，何永恒 . 枣树嫁接育苗技术 [J]. 农业科技与信息，2015（15）：92-93.

[26] 付金珍 . 葡萄嫁接和接后管理 [J]. 河北农业，2017（3）：43-44.

[27] 张永丽 . 柿树嫁接繁殖与管理措施探析 [J]. 陕西林业科技，2013（5）：102-103.

[28] 刘伟 . 柿树嫁接成活率低的原因及对策 [J]. 现代农业科技，2010（10）：137-138.

[29] 韩贵友 . 板栗嫁接改优及接后管理 [J]. 北方果树，2017（4）：30-31.

[30] 唐黎标 . 板栗嫁接技术与管理方法 [J]. 烟台果树，2016（1）：49-50.

[31] 郭华峰 . 晋南地区板栗嫁接栽培管理及病虫害防治 [J]. 山西林业，2016（5）：46-47.

[32] 文耀宗 . 核桃嫁接技术提高成活率的分析与研究 [J]. 中国林副特产，2019（4）：31-33.

[33] 康英彬，樊瑞强 . 提高核桃嫁接成活率的关键技术 [J]. 河北果树，2018（2）：60-61.

[34] 汤睿，刘静波，刘劲，等 . 中国核桃嫁接繁殖技术研究进展 [J]. 农学学报，2017（8）：60-65.

ISBN· 978-7-111 55670-1
定价：59.80 元

ISBN：978-7-111-64046-2
定价：69.80 元

ISBN：978-7-111-60995-7
定价：35.00 元

ISBN：978-7-111-54710-5
定价：25.00 元

ISBN：978-7-111-52107-5
定价：25.00 元

ISBN：978-7-111-47444-9
定价：19.80 元

ISBN：978-7-111-59206-8
定价：29.80 元

ISBN：978-7-111-62607-7
定价：25.00 元